科学出版社"十四五"普通高等教育本科规划教材

代数拓扑及其应用

赵　毅

〔塞尔〕所罗波顿·马莱蒂奇(Slobodan Maletić)　编著

科学出版社

北　京

内 容 简 介

随着大数据时代的来临,人们亟需新的概念和数学工具来获取隐藏在大数据中的信息.基于单纯复形的代数拓扑分析方法,因其在挖掘高阶结构特征和高阶动态行为的优势,逐渐为人们所重视.本书涵盖了拓扑数据分析和Q分析两个重要的代数拓扑方法,强调了代数拓扑方法在复杂系统和大数据中的典型应用.本书采用较为直观的方式向读者呈现代数拓扑相关概念方法,在内容安排上力求由浅入深,循序渐进,帮助读者了解代数拓扑的基本知识并着眼于实际应用.书中还以二维码的形式呈现高清彩图,便于读者数形结合更直观地学习.

本书可作为理工类普通高等院校高年级本科生及研究生的教材,也适用于对大数据分析和复杂系统建模感兴趣的工程技术人员.

图书在版编目(CIP)数据

代数拓扑及其应用/赵毅, (塞尔) 所罗波顿·马莱蒂奇编著.—北京:科学出版社,2024.6

科学出版社"十四五"普通高等教育本科规划教材

ISBN 978-7-03-077204-6

Ⅰ.①代… Ⅱ.①赵… ②所… Ⅲ.①代数拓扑-高等学校-教材
Ⅳ.①O189.2

中国国家版本馆 CIP 数据核字(2023)第 243687 号

责任编辑:姚莉丽 李 萍 / 责任校对:杨聪敏
责任印制:师艳茹 / 封面设计:陈 敬

科 学 出 版 社 出版

北京东黄城根北街 16 号
邮政编码:100717
http://www.sciencep.com

北京九州迅驰传媒文化有限公司印刷
科学出版社发行 各地新华书店经销

*

2024 年 6 月第 一 版 开本:720×1000 1/16
2025 年 1 月第二次印刷 印张:9 3/4
字数:196 000

定价:49.00 元
(如有印装质量问题,我社负责调换)

前言

PREFACE

　　本书旨在介绍有关代数拓扑的基本知识及方法, 以便读者在代数拓扑框架下进一步掌握单纯复形相关的内容. 出于教学的需要, 本书尽量在统一的代数拓扑学框架下解释复杂系统 (特别是复杂网络) 和与之相关的大数据的拓扑性质. 相应地, 本书将提出描述复杂系统隐藏特征的新的方式、方法. 在准备本书的时候, 我们发现如何介绍晦涩的代数拓扑概念始终是一个很大的挑战. 因此, 我们选择以直观的方式来介绍相关的概念方法, 掌握了这些概念方法, 读者完全可以应对面向复杂系统的基本应用, 这也为后续进阶学习打下基础. 读过本书之后, 读者可以很容易地探索数学理论, 抑或继续改进本书所介绍的应用并开展新的实证应用. 这也是我们编写本书的动机和坚持的原则. 近些年来, 拓扑数据分析 (topological data analysis, TDA) 作为应用代数拓扑领域的一个重要分支, 对大规模复杂数据集的分析产生了显著且深远的影响. Q 分析作为应用代数拓扑领域的另一个数据分析的分支, 在 TDA 出现前几十年就已经开始得到应用. 据我们了解, 目前市面上很少有教材同时涵盖应用代数拓扑分析这两个子领域. 鉴于此, 本书涵盖了上述两个子领域的内容, 并且关注代数拓扑学在复杂系统和数据集上的应用.

　　虽然本书的主要目的是让读者了解代数拓扑学概念, 但还有另一个次要的, 却不可忽视的动机——目前还少有文献著作介绍单纯复形在复杂系统的广泛应用. 所有这些动机交织在一起促使我们编写本书, 以帮助读者直观地领悟代数拓扑的概念方法和它们潜在的应用. 为了方便更多读者的阅读, 我们尽可能将学习本书所需的代数拓扑学的预备知识要求降到最低, 因此本书的读者群体将是相当广泛的.

　　众所周知, 复杂性现象在物理、社会、生物、信息和许多自然现象以及大型数据集中普遍存在, 这就使我们有必要发展一套理论和数学框架来阐述这其中的问题, 尤其是因为复杂性所带来的新问题. 复杂性研究方兴未艾, 产生了大量新颖的研究成果, 但也缺乏一个内禀性质一致的一般理论把这些现象、问题置于同一框架视角下. 所以, 上述这些情况促使人们以代数拓扑的数学框架及其视角来接触并理解复杂现象, 从而构建复杂性理论.

　　为了方便读者理解, 本书穿插了很多插图示例, 而随着阅读的深入, 这些例子也相应地变得复杂起来. 我们希望用这种方式向读者阐述抽象的数学概念, 并使整本书阅读感丝滑、流畅. 部分图旁附二维码, 读者可通过扫描获取彩色原图.

本书整体布局如下. 在绪论章我们尽可能把本书置于广阔的研究背景下介绍. 后续内容主要分为两大部分. 在第一部分 (第 2, 3 章) 中我们将致力于介绍单纯复形的定义、具体性质, 并讨论如何构建具体数据的单纯复形. 相应地, 在第一部分的每章末尾我们安排了基础性练习题及推荐练习, 便于读者巩固每章所学内容. 在第二部分 (第 4, 5 章) 中, 我们主要讨论单纯复形在现实世界的潜在应用和一些实际案例, 以引发读者的思考和研究兴趣. 而且, 在第二部分为了突出实践应用, 我们在每节末尾都安排了案例式练习题, 帮助读者理解掌握每节的案例学习.

在此感谢哈尔滨工业大学 (深圳) 在作者撰写本书期间所提供的良好工作条件. 感谢国家自然科学基金面上项目 (62473115) 和广东省普通高校创新团队项目 (2022KCXTD039) 对本书出版的支持. Slobodan Maletić 博士感谢塞尔维亚共和国教育、科学和技术发展部研究项目 (OI 174014) 的支持. 赵毅教授也感谢课题组研究生 (王冬博士、罗建锋博士、冷卉博士和在读博士生王艺同学) 对本书第二部分 (高阶内容) 的重要贡献, 他们前期的阅读反馈和建议使得本书对初次使用的读者更具可读性, 也更好理解.

作 者

2024 年 6 月

目 录

CONTENTS

第二部分 指导性示例

第 ◇1◇ 章

绪 论

在绪论部分, 我们没有直接介绍令读者望而却步的抽象数学概念, 而是简要介绍现实世界中的复杂性现象及其特征. 通过这些实际的现象与案例, 我们能直观地向读者介绍单纯复形与应用代数拓扑的内容. 之后我们将进一步介绍复杂系统领域相关的概念与性质, 使读者对复杂系统的研究框架有个大致的了解. 最后, 我们将综述单纯复形作为强有力的数学工具在复杂系统各个方面的成功应用, 并突出代数拓扑学的通用性和应用潜力. 简而言之, 尽管单纯复形的数学概念是高度抽象的, 但本书以复杂系统为描述对象为读者提供理解单纯复形的初步指导, 即使是没有单纯复形或代数拓扑知识的读者也能理解其中的数学概念.

另外, 相比难懂的定义和冗长的解释, 我们认为图片更能直观地展示相关的概念. 因此, 本书中我们将尽可能地利用图片来辅助说明和解释我们的观点, 以帮助读者在流畅阅读的过程中更好地理解抽象的概念. 随着知识逐渐深化, 为了避免读者可能需要回顾前文提及的定义、概念和方法, 或者在阅读过程中自行补充学习额外的知识, 我们也将做好前期铺垫, 并且适时点到或重复预备知识, 以保证读者能够逐步理解越来越深奥的知识.

本书的一个特别之处在于整本书贯穿了一个示例, 即有关金字塔的例子. 通俗地说, 我们可以把一个高维单形看作一个广义实心金字塔, 即高维金字塔. 而在后文中我们将经常引用金字塔这一示例来介绍单纯复形的概念和解释其中的数学定义.

1.1 应用代数拓扑: 单纯复形

本节我们不介绍单纯复形完整的代数拓扑学概念, 而只概述其应用. 单纯复形是由若干单形构成的集族, 而单形是应用代数拓扑中的基本研究对象, 它使得代数拓扑方法应用到复杂系统研究中成为可能. 因此单纯复形的研究隐含代数拓扑的研究.

为拉近读者与代数拓扑学之间的距离, 我们将同时介绍另一个备受关注且成果颇丰的研究领域——复杂系统. 由于复杂系统广泛研究现实世界中的现象, 而这些实际现象正是读者所熟悉的, 因此介绍代数拓扑学的同时介绍复杂系统能使读者容易理解代数拓扑中的一些抽象概念. 不仅如此, 复杂系统的研究也说明了代数拓扑在现实世界中的广泛应用. 因此, 本书将介绍复杂系统, 特别是复杂网络来引入代数拓扑的应用内容. 作为复杂系统的子领域, 复杂网络的许多重要性质都是在图论框架下得到的, 或者说是从图论视角切入的. 图论与单纯复形也存在一些概念上的紧密联系. 由于图论的直观性和可用性, 目前有许多专著和期刊文章综述了基于图论方法的复杂网络研究. 然而, 与复杂网络不同, 关于单纯复形的各项研究还缺乏较为全面的综述. 由于本书的目的是推动单纯复形的应用研究, 因此我们将简述单纯复形在不同研究领域的应用.

单纯复形作为数学研究对象有许多不同的定义形式, 我们将分别介绍这些定义. 然而, 最简单直观且容易想象的定义为: 单纯复形是一组拼接的 (沿着公共边粘接在一起的) 多面体 (广义金字塔), 它们构成了一个更高维度的离散几何空间. 实际上, 通过构建单纯复形, 我们可以比较容易地捕捉到复杂系统的一些典型性质 (如高阶结构和集群行为).

事实上, 将单形作为基本元素来描述复杂系统的想法并不新鲜. Dowker[1] 提出将两个集合 (或同一集合) 中元素的联系构建为一个单纯复形, Atkin[2,3] 基于 Dowker 的想法进一步引入了 Q 分析 [4]. 研究者们使用 Q 分析方法来研究一些包含少量元素的特定系统, 例如, 电视节目的定性和定量结构 [5]、报纸报道的内容分析 [6]、社会网络 [7-10]、城市规划 [11,12]、地质区域之间的关系 [13]、分布系统 [14]、决策 [15]、大系统的故障诊断 [16] 等, 因此 Q 分析可以广泛地应用到各种系统中. 最近, Barcelo 和 Laubenbacher[17] 进一步发展了 Atkin 的方法, 并且将该理论命名为 A-同伦以纪念 Atkin 本人.

在现代理论物理中, 单纯复形因其分析和计算上的便利性而成为重要的研究对象 [18-20]. 一方面, 现代物理学是以流形演算为基础的, 而流形是利用单纯复形离散化的; 另一方面, 单纯复形也可以用于研究由实验数据所得流形的拓扑性质 [21]. 现在人们普遍意识到几何和拓扑是许多物理理论的基础, 如广义相对论 [22,23]、电磁学 [24]、规范理论 [25] 和弹性理论 [26]. 例如, 单纯量子引力 [27] 的发展依赖于 Regge 微积分 [28] 的结果, 而后者是由刚性单形逼近光滑的四维流形发展而来的. 此外, 单纯复形在外导数形式离散化中的应用也极其重要. 在计算电磁学 [29-31] 中, 可以将麦克斯韦方程组以微分形式离散化后使用单纯复形进行分析. 由于不可避免地要用到坐标系, 这类理论的几何和拓扑性质往往被它们的矢量和张量表示形式所掩盖, 从而隐藏了其局部和全局不变量, 然而微分形式的外导数在坐标变化下始终保持不变, 且每个微分方程都可以用微分形式的外导数[32]表示, 因此许多物理规律都能用外导数形式来表达. 例如, 当坐标值变化时, 利用有限差分对微分形式进行离散化会导致一些基本定理的数值失效, 从而使传统的离散方法失去意义, 然而有研究结果表明, 只有基于单纯复形的微分形式的适当离散化才能保持所有的基本微分性质[33]. 由此, 有研究者们尝试通过一种基于单纯复形完全离散的方式来表述物理理论[34−37].

由于信息技术的迅猛发展, 众多行业都时刻产生并充斥着大数据. 如何分析这些大数据也是研究人员面临的现实挑战. 拓扑数据分析[38,39] 是源于代数拓扑方法和单纯复形的数学分析手段. 拓扑数据分析的目的是应用拓扑学的知识开发相关的工具方法, 从而能够洞察数据对象的形状结构, 即数据的几何性质. 迄今为止, 拓扑数据方法已经成功应用在各种领域的数据分析当中, 如神经科学研究[40−42]、传感器网络[43,44]、计算机视觉[45]、视皮层群体活动[46]、进化树[47]、蛋白质分类[48]、蛋白质折叠[49,50]、音乐数据[51]、体育分析[52]、文本挖掘[53]、动态系统[54] 等. 上文列举的也仅是一小部分应用, 但即使从这些文献案例中也能看出拓扑数据分析在不同领域的巨大应用潜力.

具体地说, 拓扑数据分析中的 Q 分析已经被应用于复杂网络和动力系统研究[54−60], 该方法能够清晰地展示网络的介观结构所产生的结构关系. 另外, 单纯复形在社会动力学建模中也非常有用, 它们是建模社交网络用户观点融合的合适的数学工具[61−63]. 考虑到单纯复形本身及其在基础理论上的重要性, 我们可以考虑把单纯复形当作通用工具, 以全面广泛地研究复杂系统.

金字塔示例　后文我们将总会回到金字塔这一例子. 一方面, 真实存在的金字塔能帮助我们直观地想象出单形这一抽象的数学概念在三维空间中的几何形态, 即四面体; 另一方面, 金字塔这一例子也提醒读者本书介绍应用代数拓扑方法的首要目标, 即建立现实世界的现象与抽象数学概念之间的联系.

1.2　案例背景: 复杂系统

在自然界中有许多复杂系统, 我们目光所及之处也都是复杂系统. 当我们抬头望向天空, 幸运的话可能会见到飞行的鸟群, 它们有秩序地同步飞行, 整齐划一的动作看起来像是由指挥家编排的. 事实上并不存在这样的指挥家, 这成百上千只鸟是在局部交互作用下成群结队地飞行, 而不是在统一的中心控制下移动的. 换句话说, 鸟群自发选择共同的飞行方向是每只鸟都完全基于自己的决定而产生的集群行为. 这种集群行为在自然界中并不罕见, 细菌、鱼、昆虫和兽群都有类似的行为. 鸟类的集群行为大多与飞行有关, 而其他动物, 如蚂蚁或白蚁则有不同的集群行为. 以白蚁为例, 作为一种社会性昆虫, 它们的集体合作能力远超于单只白蚁, 在共同合作下它们能建造出精妙复杂的白蚁丘. 白蚁丘是由一系列气泡状的房间组成的, 房间则由四通八达的管道连通, 这样的建筑结构可以借助冷热空气流动带动空气循环且使得居住环境维持稳定的温度、湿度. 而当白蚁丘遭到破坏时, 整个蚁群就会被唤醒, 不同角色的蚁群各司其职, 如兵蚁聚集起来战斗, 工蚁聚集起来重建白蚁丘被破坏的部分. 现实中许多大型超级群体[64] 仅通过简单元素 (如白蚁、鸟) 的相互作用就能实现复杂的行为, 我们将这种现象称为涌现.

由这些简单的例子, 我们可以注意到几个共同点. 这些共同点也就是复杂系统的基本特征, 一方面是其元素的简单性, 另一方面是元素之间的集群交互所产生的高度无规律性. 复杂性在我们身边的世界以各种形式存在着, 它不仅使我们的生活丰富多彩, 更为解决现实问题提供了思路方法. 即使就复杂系统研究本身而言也是复杂的, 但人们提出了各种不同的研究方法. 就像行走在未知的领域, 即便导游也不是很熟悉每一处的地形, 然而正是这种复杂性和多样性给复杂系统的研究增添了纷繁的美丽.

回到我们刚才的例子, 从上述例子的共同点不难总结出复杂系统的一般特性, 即复杂系统表现出自组织的没有中央控制的集群行为. 这种集群行为源自复杂系统中各元素之间的局部交互作用, 但仅仅从单个元素及其交互行为中很难洞察整个复杂系统所表现的新的全局性质. 前文我们提到了复杂系统研究中最常用的词汇, 如自组织性、集群行为、无中心控制以及涌现[66]. 这些词恰恰说明了复杂系统最基本的特性, 同时也是区分简单系统和复杂系统的关键, 因此我们需要清晰地定义它们. 自组织性、集群行为与无中心控制意味着复杂系统是由简单的元素构成的, 元素在简单的交互作用下, 不再以个体形式采取行动, 而是以一个群体的形式采取行动, 且不受另一个个体的指导或控制. 以白蚁修复破损的蚁丘为例, 白蚁是一种简单的生物, 它们只与周边的白蚁互动, 然而当白蚁丘被破坏时, 它们会自发地召集大量的白蚁, 嘴里塞满泥土, 冲向破损的地方. 自组织性、集群行为与无中心控制这些概念都与个体的聚集有关, 而涌现概念则与功能有关, 或者更准确地说, 与交互作用下集群行为的表现有关. 研究人员通过研究不同的涌现类型, 揭示了鸟群的形成、方向或形状的变化. 换句话说, 一个复杂系统最本质的属性可能是它的元素 (或元素组) 之间的交互催生了一个新实体的出现, 其性质与其基本元素的性质有本质区别, 即所谓涌现. 虽然涌现的含义有些模糊, 但它在区分复杂系统和简单系统方面起着重要作用.

事实上, 目前有各种复杂性的定义[66] 和度量复杂性程度的方法[67], 然而一个合理的定义一方面要与创立该研究领域的初始动机相一致, 另一方面也应当符合复杂系统的基本性质. 这只是研究界的一个模糊共识, 因此很难找到一个完美无瑕的定义. 本书中, 我们从另外一种方式出发, 从而避免这一棘手的问题. 也就是说, 我们并没有从系统复杂性的某些定义开始, 也没有从系统复杂性的度量开始, 而是从一些存在于各种复杂系统中并且参与复杂系统综合描述的基本性质展开介绍. 此外, 我们打算引入一种用于特定数学领域的替代方法来揭示复杂系统的涌现特性.

"系统"这个词不仅限于表示复杂系统, 也可以表示简单系统和复合系统. 简单系统是由少量的元素组成的, 且系统的行为取决于某些众所周知的规律, 例如, 单摆就是一个符合牛顿定律的简单系统. 复合系统与复杂系统是两个容易混淆的概念. 复合系统通常包含大量元素, 例如 100 万个, 虽然含有大量元素, 但系统的行为依然遵循某些已知的规律. 然而复杂系统中元素的交互作用却使得我们几乎无法预测复杂系统的行为. 另外, 复合系统中每个元素都与其他合适的元素匹配 (或更通俗地说, 连接在一起) 且所有匹配元素必须一致地工作以实现系统功能的正常运转, 因此, 当一些重要的元素发生紊乱或遭到破坏时整个系统都可能会停止运转. 而在复杂系统中每个元素不必匹配其他元素, 即使破坏或移除若干元素, 或者一部分的元素, 也不一定会影响整个系统的正常运转. 例如, 移除蚁群中的一小部分白蚁, 当蚁丘遭到破坏时, 蚁群仍然能自组织地召集所有剩余的力量来共同修复蚁丘, 因此该复杂系统依然能正常运转. 然而以手表为例, 手表的齿轮紧密啮合, 每一部分都与其他部分完美地匹配且一致地工作, 从而告诉我们时间. 当手表的关键部件出现故障时, 手表这个复合系统也就不会运转了. 虽然它可能不会给我们带来太多的不便, 但我们仍要花费一笔不小的开支去维修, 而不可能指望它自行修复. 因此, 在这个意义下, 手表是一个复合系统而不是一个复杂系统. 另以客机这个复合系统为例, 它包含几百万个元素, 哪怕一个元素或一小部分元素的功能失调都可能会造成巨大的麻烦. 机长是整个客机系统的一部分, 对飞机飞行起到了中心控制作用, 所以这个系统是具有中心控制机制的. 尽管飞机本身并不是一个复杂系统, 但有时它也是大型复杂系统的一部分, 例如, 它是由航班连接构成的航空网络的一部分, 也是城市或国家之间的物资交换网络的一部分.

在实践中, 关于复杂系统的研究方法通常有两种, 且这两种方法是相辅相成的. 一方面, 研究人员专注于研究某类特定的复杂系统, 如生态系统、金融系统、大脑系统等特定的类型 (或者更准确地说, 是数据集), 试着从中抽象出控制这些系统行为和功能的一般规则. 另一方面, 有些研究者将目光聚焦于开发适用于复杂系统的一般化理论和工具, 而不考虑它们各自不同的功能. 我们注意到由于代数拓扑的普适性, 本书中代数拓扑的概念和工具可以应用于这两种研究方法.

然而, 目前大部分研究复杂系统的数学工具都存在一个缺陷, 即难以充分捕捉到复杂系统中的高阶交互关系. 因此, 我们需要引入新的数学框架来补充或替代之前的数学工具, 从而解决复杂系统中的高阶结构关系问题. 上文介绍了一些复杂系统的基本概念和性质, 以对这个广阔的研究领域的一些子领域有个基本的了解. 接下来, 我们将进一步介绍复杂系统子领域. 像我们之前做的那样, 我们将仍然使用合适的例子来解释复杂系统新的概念和特性, 尤其是基于单纯复形的高阶特性. 我们的目的不是以严格的数学方法来介绍这些概念, 而是建立一个应用性框架, 来解决复杂系统领域的问题并推动其进一步发展.

复杂网络可能是复杂系统最重要的子领域. 复杂网络不仅具有复杂系统的上述特性, 另外还有一个额外特性, 即实体之间成对的交互作用. 许多现实结构都用复杂网络模型来刻画, 例如, 互联网是计算机和计算机之间物理连接的集合, 社交网络是个体和个体之间各种交流的集合, 大脑网络是神经元和突触连接的集合. 这些集合体都是由实体和实体间成对的交互作用连接而成的, 并展现出复杂的特性与功能. 复杂网络这一 "实体之间的相互作用" 的特性不仅有助于我们开发研究复杂系统的新途径, 也有助于我们打造理想的人造系统.

复杂网络研究以现实世界中广泛存在的现象为背景, 因此吸引了不同领域的研究人员. 他们能从统一的复杂网络视角开展研究, 超越他们原本的研究领域而得到更为深入的研究成果. 他们的这些努力带来了技术上的爆发与革新, 其中信息技术的快速发展催生了互联网和万维网, 为人们提供了快速获取数据的途径.

此外, 图论的研究对象是元素集以及元素间的成对关系, 因此图论成了研究复杂网络的便利工具. 图论起源于瑞士数学家欧拉所提出的著名的哥尼斯堡七桥问题[68]. 在哥尼斯堡市 (现位于俄罗斯的加里宁格勒) 有七座桥, 这七座桥连接着城市的四个部分. 欧拉提出一个问题, 怎样才能不重复、不遗漏地一次走完七座桥, 最后回到出发点? 他注意到, 这个问题与距离无关, 连接性才是解题的关键. 于是, 他将城市的四部分看作四个点, 将连接它们的桥看作线 (或边), 这种简化有助于准确地解决问题. 由此, 欧拉开创了一个新的数学分支——图论. 事实上, 这个问题的答案是否定的, 也就是说, 一个人不可能不重复地走过每座桥而遍历城市的四个部分. 这里我们不具体讨论他解题的细节, 而是重点关注他抽象问题的方式, 即忽略其中的距离, 而只考虑点 (顶点或节点) 和点之间的连接 (边或连线) 这样的结构关系. 这种简化帮助我们采用图论的方法成功解决一个问题.

在七桥问题中, 我们准确地知道每两个节点是否连接, 我们也精确地知道每个节点有多少个连边. 但当我们面对大量的节点和连接, 却不能确切地知道每个节点的连接情况时, 问题该如何处理呢? 这就必须要介绍图论研究中的两个重要人物 Paul Erdős 和 Alfred Rényi. 在他们解决的众多重要数学问题中, 我们最感兴趣的是他们引入了随机图这一重要概念. 考虑一个具有大量节点和连接的图, 如线上社交网络或互联网等. 在这类大型网络中, 我们很难对所有节点的连接关系都了如指掌, 或者说我们没必要花费大量的成本去了解大型网络中的全部连接关系, 更何况这种连接关系常常是随着时间变化的. 因此, 面对大规模网络, 我们就很难再使用传统的图论方法来分析, 而需要寻找新的工具和方法. Erdős 和 Rényi 构建了随机图理论[69,70], 随机图有两种定义方法, 一种方法为 N 个节点通过 L 条随机边连接, 另一种方法为 N 个节点两两之间以概率 p 连接. 有趣的是, 这样构造的随机图表现出小世界特性, 即在随机图中大部分的节点之间都能由很短的路径连通, 这与现实世界中所观察到的是一样的[71].

然而, 真实世界网络中还有另一种随机图未表现出的常见特性, 即高聚类性[72]. 通俗地说, 社交网络的高聚类性就表示 "你的朋友的朋友也大概率是你的朋友", 或者更一般地说, 某顶点的最近邻之间实际的连接数除以邻居之间可能存在的最大连接数的比值接近于 1. 为了同时满足小世界和高聚类这两种特性, Watts 和 Strogatz 设计了小世界网络模型[73], 该模型在一定参数范围内表现出这两种特性. 看似模拟现实世界网络的问题已经接近解决, 然而, 随机图模型和小世界网络模型都还有一个不满足的特性, 即在合成网络或真实网络中, 每个顶点的邻居数量 (连接数) 不一定相同, 而是服从一定的概率分布, 即概率分布函数 $P(k)$ 则表示任意一个顶点有 k 个邻居的概率[74]. 在随机网络中, 顶点之间的连接是随机的, 则大多数顶点的邻居数大致相同且接近网络的平均连接数, 因此连接数服从泊松分布. 虽然在小世界模型框架下建立的网络满足上述这两个重要的性质, 但其连接数分布仍与随机网络相似. 然而, 对于大多数现实世界的网络, 人们发现其连接数分布往往服从幂律分布[75]. 为了理解这一种特性, Albert 和 Barabási 提出了无标度网络模型[76], 该模型考虑了现实世界网络构建的两条规则: 增长性和依附偏好性. 这两条规则意味着, 网络是通过添加新的节点并将新节点与网络中已经存在的节点相连接来逐步增长的, 并且新节点与网络中已有节点连接的可能性取决于该节点目前拥有的邻居数量. 换句话说, 新来者将优先连接那些邻居多的节点. 由这两个简单规则所构成的网络同时具有小世界性、高聚类性, 且连接数服从幂律分布.

尽管上文列出的复杂网络模型不多, 但这些模型都是复杂网络研究中重要的里程碑式的模型. 同样地, 复杂网络的性质和现象也非常丰富[77,78]. 例如, 临界现象[79], 流行病传播、渗透、网络的随机和故意故障等.

特别是, 介于微观与宏观结构之间的介观结构, 例如称为社团的密集连接的节点群[80], 对描述网络结构起到重要作用. 与此同时, 介观结构的出现表明了复杂网络中存在更多新的结构模式, 其中一些模式带来了高阶交互作用, 而不再仅仅是复杂网络中的点对交互作用. 我们发现单纯复形是处理复杂网络潜在的高阶结构的工具之一.

本 章 习 题

1. 单纯复形最简单的定义是什么?
2. 列举单纯复形的四种应用.
3. 单纯复形相比其他研究方法有什么优点?
4. 复杂系统的主要特性是什么?
5. 除了本章已经提到的, 请再给出几个具体的复杂系统示例, 并说明它们的复杂系统特性体现在何处.
6. 列举本章总结的研究复杂系统的两种方法.
7. 什么是复杂网络? 列举复杂网络的几个常见模型.

参 考 文 献

[1] DOWKER C H. Homology groups of relations[J]. Annals of Mathematics, 1952, 56: 84

[2] ATKIN R H. From cohomology in physics to q-connectivity in social science[J]. Int. J. Man-Machine Studies, 1972, 4: 341

[3] ATKIN R H. Combinatorial Connectivities in Social Systems[M]. Stuttgart: Birkhäuser Verlag, 1977

[4] ATKIN R H. Mathematical Structure in Human Affairs[M]. London: Heinemann, 1974

[5] GOULD P, JOHNSON J, CHAPMAN G. The Structure of Television[M]. London: Pion Limited, 1984

[6] JACOBSON T L, YAN W. Q-analysis techniques for studying communication content[J]. Quality & Quantity, 1998, 32: 93

[7] SEIDMAN S B. Rethinking backcloth and traffic: Perspectives from social network analysis and Q-analysis[J]. Environment and Planning B, 1983, 10: 439

[8] FREEMAN L C. Q-analysis and the structure of friendship networks[J]. Int. J. Man-Machine Studies, 1980, 12: 367

[9] DOREIAN P. Polyhedral dynamics and conflict mobilization in social networks[J]. Social Networks, 1981, 3: 107

[10] DOREIAN P. Leveling coalitions as network phenomena[J]. Social Networks, 1982, 4: 27

[11] ATKIN R H, JOHNSON J, MANCINI V. An analysis of urban structure using concepts of algebraic topology[J]. Urban Studies, 1971, 8: 221

[12] JOHNSON J H. The q-analysis of road intersections[J]. Int. J. Man-Machine Studies, 1976, 8: 531

[13] GRIFFITHS J C. Geological similarity by Q analysis[J]. Journal of the International Association for Mathematical Geology, 1983, 15: 85

[14] DUCKSTEIN L. Evaluation of the performance of a distribution system by Q-analysis[J]. Applied Mathematics and Computation, 1983, 13: 173

[15] DUCKSTEIN L, NOBE S A. Q-analysis for modeling and decision making[J]. European Journal of Operational Research, 1997, 103: 411

[16] ISHIDA Y, ADACHI N, TOKUMARU H. Topological approach to failure diagnosis of large-scale systems[J]. IEEE Trans. Syst., Man and Cybernetics, 1985, 15: 327

[17] BARCELO H, LAUBENBACHER R. Perspectives on A-homotopy theory and its applications[J]. Discrete Mathematics, 2005, 298: 39

[18] FLANDERS H. Differential Forms with Applications to the Physical Sciences[M]. New York: Academic Press, 1963

[19] FRANKEL T. The Geometry of Physics: An Introduction[M]. Cambridge: Cambridge University Press, 1997

[20] ESCHRIG H. Topology and Geometry for Physics[M]. Heidelberg: Springer-Verlag, 2011

[21] MULDOON M R, MACKAY R S, HUKE J P, BROOMHEAD D S. Topology from time series[J]. Physica D, 1993, 65: 1

[22] MISNER C W, THRONE K S, WHEELER J A. Gravitation[M]. San Francisco: W.H. Freeman, 1973

[23] FRAUENDIENER J. Discrete differential forms in general relativity[J]. Classical and Quantum Gravity, 2006, 23(16): S369

[24] BOSSAVIT A. Computational Electromagnetism: Variational Formulations, Complementarity, Edge Elements[M]. New York: Academic Press, 1998

[25] CHRISTIANSEN S H, HALVORSEN T G. A simplicial gauge theory[J]. J. Math. Phys., 2012, 53: 033501

[26] YAVARI A. On geometric discretization of elasticity[J]. Journal of Mathematical Physics, 2008, 49(2): 1

[27] HUMBER H W. Simplicial Quantum Gravity[M]. Critical Phenomena, Random Systems, Gauge Theories. Amsterdam: North-Holland, 1986

[28] REGGAE T. General relativity without coordinates[J]. Nuovo Cimento, 1961, 19: 558

[29] DESCHAMPS G A. Electromagnetics and differential forms[J]. Proceedings of IEEE, 1981, 69: 676

[30] Teixeira F L. Geometric aspects of the simplicial discretization of Maxwell's equations[J]. Progress In Electromagnetics Research, 2001, 32: 171

[31] TONTI E. Finite formulation of electromagnetic field[J]. IEEE Trans. Mag., 2002, 38: 333

[32] SHARPE R W. Differential Geometry: Cartan's genralization of Klein's Erlangen Program[M]. New York: Springer-Verlag, 1997

[33] GAWLIK E, MULLEN P, PAVLOV D, MARSDEN J E, DESBRUN M. Geometric, variational discretization of continuum theories[J]. Physica D, 2011, 240: 1724

[34] ATKIN R H. Abstract physics[J]. Il Nuovo Cimento, 1965, 38: 496

[35] ATKIN R H, BASTIN T. A homological foundation for scale problems in physics[J]. International Journal of Theoretical Physics, 1970, 3: 449

[36] TONTI E. The reason for analogies between physical theories[J]. Appl. Math. Modelling, 1976, 1: 37

[37] TONTI E. A direct discrete formulation of field laws: The cell method[J]. Comput. Model. Eng. Sci., 2001, 2: 237

[38] CARLSSON G. Topology and data[J]. Bulletin of the American Mathematical Society, 2009, 46(2): 255

[39] EPSTEIN C, CARLSSON G, EDELSBRUNNER H. Topological data analysis[J]. Inverse Problems, 2011, 27(12): 120201

[40] DABAGHIAN Y, MÉMOLI F, FRANK L, CARLSSON G. A topological paradigm for hippocampal spatial map formation using persistent homology[J]. PLoS Comput. Biol., 2012, 8(8): e1002581

[41] CHUNG M K, HANSON J L, YE J, DAVIDSON R J, POLLAK S D. Persistent homology in sparse regression and its application to brain morphometry[J]. IEEE Transactions on Medical Imaging, 2015, 34: 1928

[42] BENDICH P, MARRON J S, MILLER E, PIELOCH A, SKWERER S. Persistent homology analysis of brain artery trees[J]. Ann. Appl. Stat., 2016, 10: 198

[43] de SILVA V, GHRIST R. Coordinate-free coverage in sensor networks with controlled boundaries via homology[J]. The International Journal of Robotics Research, 2006, 25: 1205

[44] de SILVA V, GHRIST R. Coverage in sensor networks via persistent homology[J]. Algebraic & Geometric Topology, 2007, 7: 339

[45] CARLSSON G, ISHKHANOV T, DE SILVA V, ZOMORODIAN A. On the local behavior of spaces of natural images[J]. Int. J. Comput. Vis., 2008, 76: 1

[46] SINGH G, MEMOLI F, ISHKHANOV T, SAPIRO G, CARLSSON G, RINGACH D L. Topological analysis of population activity in visual cortex[J]. Journal of Vision, 2008, 8: 11

[47] CHAN J M, CARLSSON G, RABADAN R. Topology of viral evolution[J]. PNAS, 2013, 110: 18566

[48] CANG Z, MU L, WU K, OPRON K, XIA K, WEI G W. A topological approach for protein classification[J]. arXiv: 1510.00953, 2015

[49] KRISHNAMOORTHY B, PROVAN S, TROPSHA A. A topological characterization of protein structure[J]. Data Mining in Biomedicine, 2007, 7: 431

[50] XIA K, WEI G W. Persistent homology analysis of protein structure, flexibility, and folding[J]. Int. J. Numer. Method. Biomed. Eng., 2014, 30: 814

[51] SETHARES W A, BUDNEY R. Topology of musical data[J]. Journal of Mathematics and Music: Mathematical and Computational Approaches to Music Theory, Analysis, Composition and Performance, 2014, 8: 73

[52] GOLDFARB D. An application of topological data analysis to hockey analytics[J].

arXiv: 1409.7635

[53] WAGNER H, DŁOTKO P, MROZEK M. Computational topology in text mining[C]. International Workshop on Computational Topology in Image Context, 2012

[54] MALETIĆ S, ZHAO Y, RAJKOVIĆ M. Persistent topological features of dynamical systems[J]. Chaos, 2016, 26: 053105

[55] MALETIĆ S, RAJKOVIĆ M, VASILJEVIĆ D. Simplicial complexes of networks and their statistical properties[J]. Lecture Notes in Computational Science, 2008, 5102(II): 568

[56] MALETIĆ S, STAMENIĆ L, RAJKOVIĆ M. Statistical mechanics of simplicial complexes[J]. Atti Semin. Mat. Fis. Univ. Modena Reggio Emilia, 2011, 58: 245

[57] MALETIĆ S, RAJKOVIĆ M. Combinatorial Laplacian and entropy of simplicial complexes associated with complex networks[J]. Eur. Phys. J. Special Topics, 2012, 212: 77

[58] MALETIĆ S, HORAK D, RAJKOVIĆ M. Cooperation, conflict and higher-order structures of social networks[J]. Advances in Complex Systems, 2012, 15: 1250055

[59] ANĐELKOVIĆ M, TADIĆ B, MALETIĆ S, RAJKOVIĆ M. Hierarchical sequencing of online social graphs[J]. Physica A, 2015, 436: 582

[60] HORAK D, MALETIĆ S, RAJKOVIĆ M. Persistent homology of complex networks[J]. J. of Stat. Mech., 2009, 03: P03034

[61] MALETIĆ S, RAJKOVIĆ M. Simplicial complex of opinions on scale-free networks[J]. Studies in Computational Intelligence, 2009, 207: 127

[62] MALETIĆ S, RAJKOVIĆ M. Consensus formation on a simplicial complex of opinions[J]. Physica A, 2014, 397: 111

[63] MALETIĆ S, ZHAO Y. Hidden multidimensional social structure modeling applied to biased social perception[J]. Physica A, 2018, 492: 1419

[64] HÖLLDOBLER B, WILSON E O. The Superorganism: The Beauty, Elegance, and Strangeness of Insect Societies[M]. New York: W. W. Norton & Company, 2008

[65] MITCHELL M. Complexity: A Guided Tour[M]. Oxford: Oxford University Press, 2011

[66] LADYMAN J, LAMBERT J, WIESNER K. What is a complex system?[J]. Euro. Jour. Phil. Sci., 2013, 3: 33

[67] LLOYD S. Measures of complexity: A nonexhaustive list[J]. IEEE Control Systems Magazine, 2001, 21(4): 7

[68] EULER L. Solutio problematis ad geometriam situs pertinentis[J]. Comment. Acad. Sci. U. Petrop., 1736, 8: 128-140. Reprinted in Opera Omnia Series Prima, 1976, 7: 1-10

[69] ERDŐS P, RÉNYI A. On random graphs[J]. Publicationes Mathematicae, 1959, 6: 290

[70] ERDŐS P, RÉNYI A. On the evolution of random graphs[J]. Publications of Mathematical Institute of the Hungarian Academy of Sciences, 1960, 5: 17

[71] MILGRAM S. The small world problem[J]. Psychology Today, 1967, 2: 60

[72] ALBERT R, BARABÁSI A L. Statistical mechanics of complex networks[J]. Rev. Mod. Phys., 2002, 74: 47

[73] WATTS D J, STROGATZ S H. Collective dynamics of small-world networks[J]. Nature, 1998, 393: 440

[74] BOCCALETTI S, LATORA V, MORENO Y, CHABEZ M, HWANG D U. Complex networks: Structure and dynamics[J]. Phys. Rep., 2006, 424: 175

[75] CALDARELLI G. Scale-Free Networks: Complex Webs in Nature and Technology[M]. Oxford: Oxford University Press, 2007

[76] ALBERT R, BARABÁSI A L, JEONG H. Mean-field theory for scale-free random networks[J]. Physica A, 1999, 272: 173

[77] COHEN R, HAVLIN S. Complex Networks: Structure, Robustness and Function[M]. Cambridge: Cambridge University Press, 2010

[78] NEWMAN M. Networks: An Introduction[M]. Oxford: Oxford University Press, 2010

[79] DOROGOVTSEV S N, GOLTSEV A V, MENDES J F F. Critical phenomena in complex networks[J]. Rev. Mod. Phys., 2008, 80: 1275

[80] FORTUNATO S. Community detection in graphs[J]. Phys. Rep., 2010, 486: 75

第一部分
单纯复形及其性质

第 ◇ 2 ◇ 章

代数拓扑中的单纯复形

在前 1 章中, 我们了解到众多复杂现象和解决这些复杂现象的问题需要发展新的数学工具和方法, 其中基于单纯复形的代数拓扑日益得到重视和广泛应用. 因此在这一章中, 我们将介绍单纯复形的基本定义、性质和度量方式. 正如我们前面提到的那样, 我们仍会在恰当的位置用现实的例子或直观的图形来解释抽象的数学定义. 单纯复形描述的多样性是源自于我们可以用三种截然不同的方式来处理单纯复形: 几何、组合和关系. 尽管单纯复形有三种不同的定义方式, 但我们终将会说明三种定义之间的等价性. 因此, 我们希望在本章结束时, 读者至少可以对单纯复形有个直观的轮廓, 从而有助于理解后面章节的内容.

2.1 单纯复形的定义

我们首先从几何单纯复形[1] 的定义开始介绍单纯复形. 因为这三种定义形式是等价的, 所以介绍的顺序并不重要. 我们选择先介绍几何单纯复形是基于实际考虑. 它将帮助我们建立起单纯复形与简单的几何图形之间的直观联系, 因此也有益于理解另外两种定义.

在空间 (如 $\mathbb{R}^N$) 中取两条线段 (边), 若两条线段有同一个端点, 则可以把两条线段粘在一个顶点上. 类似地, 在同一个空间中取两个有公共边的三角形, 则可以把它们粘在这条公共边上. 进一步地, 可以取两个有公共面 (公共三角形) 的形似金字塔的四面体, 则可以沿着公共面粘接它们. 以这种方式继续下去, 我们可以类似地粘接高维类似物 (多面体), 即将它们粘在公共面上. 显然, 通过在空间中汇集、粘接这些 "积木块", 我们在空间中就构建出一个更复杂的结构, 称之为单纯复形.

有了直观的印象, 下面我们将给出更为正式的单纯复形定义. 在欧氏空间 $\mathbb{R}^N$ 中取点集 $V = \{v_0, v_1, v_2, \cdots, v_m\}$, 对于任意的 $c_i \in \mathbb{R}$, V 满足方程 $\sum_{i=0}^{m} c_i v_i = 0$

且 $\sum_{i=0}^{m} c_i = 0$, 只能推出 $c_0 = c_1 = \cdots = c_m = 0$. 当如上条件成立时, 我们称 V 是几何无关的. 因此易推, V 是几何无关的, 当且仅当向量

$$v_1 - v_0, \cdots, v_m - v_0$$

是线性无关的.

接下来, 我们定义由几何无关点集 V 张成的 m-平面. m-平面 P 是由所有满足如下条件的点 $x \in \mathbb{R}^N$ 构成的:

$$x = \sum_{i=0}^{m} c_i v_i, \quad \sum_{i=0}^{m} c_i = 1 \tag{2.1}$$

另外, 我们可以自然地得到 m-平面的另一个定义, m-平面 P 是由所有满足如下条件的点 $x \in \mathbb{R}^N$ 构成的:

$$x = v_0 + \sum_{i=1}^{m} c_i (v_i - v_0)$$

其中 $c_i \in \mathbb{R}$. 该定义意味着 P 是一个穿过 v_0 且平行于由 $v_i - v_0$ 构成的向量的平面.

给定了如上的定义, 接下来我们定义 m-单形. m-单形 σ 是满足条件 (2.1) 的 $x \in \mathbb{R}^N$ 构成的点集, 其中 $c_i \leqslant 1$, $i = 1, 2, \cdots, m$ 称为单形 σ 中点 x 的 "重心坐标". 因此在该意义下, 0-单形是一个点, 称为顶点. 1-单形是一条线段, 称为边, 该边是由顶点 v_0 和 v_1 张成的, 且 1-单形中所有点可表示为

$$x = c v_0 + (1 - c) v_1$$

2-单形是一个以 v_0, v_1, v_2 为顶点的三角形, 且 2-单形中所有点可表示为

$$x = \sum_{i=0}^{2} c_i v_i = c_0 v_0 + (1 - c_0) \left[\frac{c_1}{\mu} v_1 + \frac{c_2}{\mu} v_2 \right]$$

其中 $\mu = 1 - c_0$. 如图 2.1, p 是 v_1, v_2 边上一点, 可表示为 $\left[\dfrac{c_1}{\mu} v_1 + \dfrac{c_2}{\mu} v_2 \right]$. 因此点 x 表示点 v_0 和 p 连线段上任一点. 在这个意义上, 我们可以把 2-单形理解为由滑动线段 $v_0 p$ 上所有的点构成的, 即 v_1, v_2 线段上所有点与 v_0 的连线上的全部点.

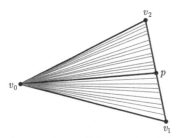

图 2.1   由滑动线段 $v_0 p$ 上所有的点构成的 2-单形

金字塔示例 这是一个嵌入在三维欧氏空间中的由如下坐标顶点构成的金字塔:

$$x = [1.5, 0, 1.5; 0, 0, 0; 0, 0, 0]$$

$$y = [0, 0, 0; 1.5, 0, 1.5; 0, 0, 0]$$

$$z = [0, 1.5, 0; 0, 0, 0; 1.5, 0, 1.5]$$

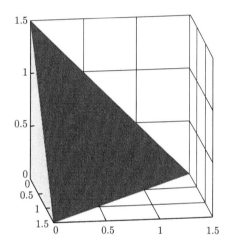

根据如上例子和定义可知, n-单形 σ_n 是由 $n + 1$ 个点张成的, 其中 n 称为单形 σ_n 的维度. 因此如图 2.2 所示, 我们可以类似地构造出维度大于 2 的单形, 即五面体、六面体乃至多面体[2].

对任一给定单形, 我们取其生成点集的一个子集, 若该子集仍保持几何无关性, 则该子集也能张成一个单形, 且称该单形为原单形的面[2]. 图 2.3 标出了 3-单形、2-单形 ($\langle v_1, v_2, v_3 \rangle$) 和 0-单形 ($\langle v_0 \rangle$), 因此结合前述定义, 图中的 3-单形总共包含 4 个 2-单形、6 个 1-单形和 4 个 0-单形.

最后, 我们给出几何单纯复形的定义. K 是欧氏空间 $\mathbb{R}^N$ 中的有限单形集, 若 K 满足如下两个条件:

(i) 若单形 σ_n 在 K 中且 τ_p 是 σ_n 的面, 则有 τ_p 在 K 中;

(ii) 若单形 σ_n 和 τ_r 在 K 中, 则 $\sigma_n \cap \tau_r$ 是空集或是 σ_n 和 τ_r 的公共面,

那么 K 是一个单纯复形, 且单纯复形 K 的维度 ($\dim(K)$) 等于 K 中最高维单形的维度.

单形	常用名	几何实现
0-单形	点 顶点 节点	·
1-单形	线 边 连接	
2-单形	三角形	
3-单形	四面体	
4-单形	五面体	

图 2.2　高维单形

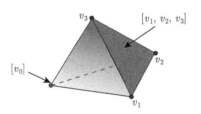

图 2.3　3-单形不同维度的面仍为单形

金字塔示例　这里我们粘接两个金字塔的公共面 (三角形) 可以得到由金字塔构成的单纯复形如下图所示.

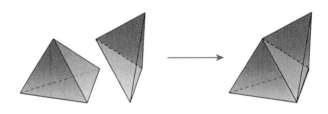

如上定义的单纯复形 K 本身并不是一个拓扑空间, 但位于 K 中的每个单形的点集共同构成了 $\mathbb{R}^N$ 的一个拓扑子空间, 即一个多面体. 图 2.4(a) 展示了将不同维度的单形粘接形成单纯复形的一个几何例子, 而图 2.4(b) 中的几何单形只是简单地放在一起并未构成单纯复形.

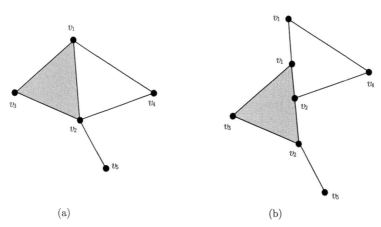

(a)   (b)

图 2.4   (a) 不同维度单形构成的单纯复形的几何实现; (b) 单形的集合并不一定构成单纯复形

至此, 我们已经看到几何单纯复形的定义及其与点、线段等几何概念之间的密切联系. 下面将介绍单纯复形的组合拓扑定义, 让我们回到开头考虑欧氏空间中的某个点集 $V = \{v_1, v_2, \cdots, v_m\}$. 假定顶点的几何位置有明确的定义, 那么从单形的几何定义来看, 任何单形都能由一组点 (顶点) 来表示, 也就是说, 当忽略方程 (2.1) 中系数 c_i 的影响时, n-单形有 $n+1$ 个元素且为 $\mathbb{R}^N$ 的一个子集. 因此, 单形和单形的面都是 V 的幂集 (V 的所有子集的集合) 的子集, 也可以称为 V 的子集.

接下来, 我们将通过一个简单的例子来说明上述内容, 使得抽象的单纯复形定义更易理解. 取顶点集 $V = \{v_1, v_2, v_3, v_4, v_5\}$ 和它的一个子集族 K, 其中每个子集都是一个单形, 即

$$
K = \left\{
\begin{array}{c}
\{v_1\}, \{v_2\}, \{v_3\}, \{v_4\}, \{v_5\}, \{v_1, v_2\}, \{v_1, v_3\}, \{v_1, v_4\}, \\
\{v_2, v_3\}, \{v_2, v_4\}, \{v_2, v_5\}, \{v_1, v_2, v_3\}
\end{array}
\right\}
$$

比较这组抽象的单形的图 2.4(a) 中的几何单纯复形, 我们可以注意到明显的相似性, 即两种定义 (几何定义和组合定义) 都表示了相同的元素关系. 简单地检查之后, 我们发现单纯复形 K 是由 5 个 0-单形、6 个 1-单形和 1 个 2-单形组成的, 其中 1-单形 $\langle v_1, v_2 \rangle$, $\langle v_1, v_3 \rangle$, $\langle v_2, v_4 \rangle$ 是 2-单形 $\langle v_1, v_2, v_3 \rangle$ 的 3 个 1 维面.

金字塔示例 无论怎么选取坐标系, 由四个顶点 $\langle v_1, v_2, v_3, v_4 \rangle$ 构建的金字塔中有三角形 $\langle v_1, v_2, v_3 \rangle$, $\langle v_1, v_2, v_4 \rangle$, $\langle v_1, v_3, v_4 \rangle$, $\langle v_2, v_3, v_4 \rangle$, 线段 $\langle v_1, v_2 \rangle$, $\langle v_1, v_3 \rangle$, $\langle v_1, v_4 \rangle$, $\langle v_2, v_3 \rangle$, $\langle v_2, v_4 \rangle$, $\langle v_3, v_4 \rangle$ 和顶点 v_1, v_2, v_3, v_4.

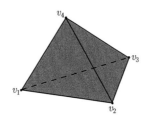

我们再次从点集 $V = \{v_0, v_1, v_2, \cdots, v_m\}$ 出发. 令 $P(v)$ 是 V 的幂集, K 是 $P(v)$ 的一个子集族, 若 K 在形成子集时是封闭的, 则称 K 为抽象单纯复形[2]. 也就是说, 若 K 满足以下条件:

(i) 若 $\sigma \in K$ 且 τ 是 σ 的一个子集, 则有 $\tau \in K$;

(ii) 对任意的 $v \in V$ 都有 $\{v\} \in K$,

则 K 是一个抽象单纯复形. 我们将 V 中元素称为顶点, K 中元素称为单形, σ 的子集 τ 称为 σ 的面, 记为 $\tau \leqslant \sigma$. 类似于几何单纯复形的定义, 单形 σ 的维度等于其基数减 1, 即集合 σ 的元素个数减 1.

至此, 我们可以通过提取集合元素 (即子集) 构建一个抽象单纯复形. 事实上, 集合的子集族要满足如上条件才能构建出一个单纯复形. 因此, 我们自然地想知道是否可以通过一些判别准则来提取集合中所包含的单纯复形, 换句话说, 我们能否找到基于代数拓扑的数学判别标准. 在 Dowker[3] 的研究和 Atkin 的进一步研究[4-6] 中, 他们给出了生成单形并产生两类单纯复形的准则, 这使得代数拓扑工具在现实世界现象的研究中愈发重要. 有关这两类单纯复形 (即单纯复形及其共轭单纯复形) 的概念, 我们会在后续介绍.

在正式介绍另一个抽象定义之前, 我们先介绍一些例子, 它们将帮助我们理解新定义. 假设有两个集合 A 和 B, 集合 A 中的元素基于某种规则与集合 B 中的元素相关, 例如, 集合 A 中的元素是个体, 而集合 B 中的元素是每个个体不同的兴趣爱好, 那么这种规则是 "集合 A 中某人对集合 B 中某件物品有兴趣". 另外, 我们也可以假设集合 A 中的元素是患者, 集合 B 中的元素是不同的临床症状, 这时这种关系规则就是 "集合 A 中患者具有集合 B 中的症状". 再或者, 集合 A 中的元素可以是城市街道, 集合 B 中的元素是不同的路口, 则其关系规则可以是 "集合 A 中街道包含集合 B 中的路口". 还有一个例子是, 集合 A 中的元素是电视节目, 而集合 B 中的元素是指节目所涵盖的不同主题, 它们的关系规则是 "集

合 A 中的电视节目包含集合 B 中的主题". 在社会问题的语境中, 例如, 集合 A 中的元素是社会群体, 集合 B 中的元素是不同的人, 关系规则可以是 "集合 A 中的社会群体有来自集合 B 中的成员". 最后一个例子, 集合 A 中的元素为地质区域, 集合 B 中的元素是不同类型的岩石, 则关系规则是 "A 中一片地质区域内有 B 中的一组岩石类型", 我们还能列举出许多类似的例子. 细心的读者可能发现了, 我们在第 1 章中也曾提到过这些例子. 我们给出这么多例子, 也是想从一个侧面说明单纯复形可能涵盖的数据形式是丰富多彩的, 具有广泛的适用场景.

金字塔示例 在体育俱乐部中, 我们可以打网球、篮球、羽毛球和踢足球, 且这些运动都与这个俱乐部相关. 因此我们可以建立一个有关这个体育俱乐部的单纯复形, 如下图所示.

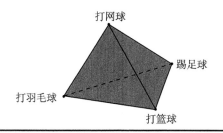

现在, 我们把上述真实例子抽象成正式的单纯复形定义. 除了前面介绍的集合 $V = \{v_1, v_2, \cdots, v_m\}$, 我们再引入一个新集合 $S = \{s_1, s_2, \cdots, s_n\}$, 并构造二元关系 λ 将 S 中的每个元素都对应到 V 中的一个或多个元素, 即对于任意的 $s_i \in S$ 都存在至少一个 $v_j \in V$ 使得 $s_i \lambda v_j$ 成立. 因此由集合 S 和关系 λ 我们能够确定一个 V 的幂集的子集 K, K 由元素 $\{v_{\alpha_0}, v_{\alpha_1}, \cdots, v_{\alpha_q}\}$ $(q \leqslant m)$ 构成, 其中 $v_{\alpha_0}, v_{\alpha_1}, \cdots, v_{\alpha_q} \in V$ 满足 $s_i \lambda v_{\alpha_0}, s_i \lambda v_{\alpha_1}, \cdots, s_i \lambda v_{\alpha_q}$. 为了区分元素 $s_i \in S$ 与对应的集合 K 并明确二者的联系, 我们将 K 中的元素记为 $\sigma(s_i)$, 因此元素 $\sigma_q(s_i) = \langle v_{\alpha_0}, v_{\alpha_1}, \cdots, v_{\alpha_q} \rangle$[7-9] 意味着集合 S 中的 s_i 与集合 V 中 $q+1$ 个元素 $\{v_{\alpha_0}, v_{\alpha_1}, \cdots, v_{\alpha_q}\}$ 是 λ-相关的. 我们将集合 V 中的元素称为顶点, 集合 K 中的元素称为 q 维单形或 q-单形. 此外, 元素 s_i 与 $\{v_{\alpha_0}, v_{\alpha_1}, \cdots, v_{\alpha_q}\}$ 的子集也是 λ-相关的, 因此 $\{v_{\alpha_0}, v_{\alpha_1}, \cdots, v_{\alpha_q}\}$ 的子集也是单形, 并且由 q-面的定义可知每个子集构成的单形都是原单形的一个面. 任一 $s_i \in S$ 都对应着一个 q-单形 $\sigma_q(s_i)$ 与其所有面, 因此我们将这些单形的集合称为单纯复形, 记为 $K_S(V, \lambda)$[5].

现在这种定义形式和前面的定义相比, 显然这两种定义中单纯复形 K 都是 V 的幂集的子集, 唯一的区别是, 这里的定义是通过一个关系 λ 分配 S 中的一个标签对应于 K 中的单形. 上述对比讨论也引出了两个重要的注释. 其一, 若已知由之前定义的方式定义一个抽象单纯复形, 我们可以很容易地得到集合 S, 并复原产生这一个单纯复形的规则 (即关系). 其二, 这里定义的负责产生单纯复形的关系 λ 可以是同一个集合的元素之间的关系, 即 $V = S$.

与前面的定义一样, 接下来我们将借助一个具体的例子向读者进一步说明这两种定义的相通之处. 设两个集合 $V = \{v_1, v_2, v_3, v_4, v_5\}$ 和 $S = \{s_1, s_2, s_3, s_4\}$, 由关系 λ 可以得到以下单形:

$$\sigma_2(s_1) = \langle v_1, v_2, v_3 \rangle$$

$$\sigma_1(s_2) = \langle v_2, v_4 \rangle$$

$$\sigma_1(s_3) = \langle v_1, v_4 \rangle$$

$$\sigma_1(s_4) = \langle v_2, v_5 \rangle$$

我们前面已说明每个子单形 (即每一面) 也是一个单形. 与前面的例子 (见图 2.4(a)) 对比可知, 虽然表述方式不同, 但它们代表着相同的单纯复形. 同样, 这个单纯复形的几何表示如图 2.5(a) 所示.

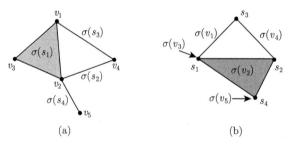

图 2.5　(a) 为一个单纯复形, (b) 为其共轭单纯复形

虽然两个定义都是通过取一组顶点的子集来构造单纯复形, 但这里所介绍的定义可能更便于解决实际问题. 例如, 考虑一个由城市区域的街道 (单形) 和路口 (顶点) 构成的单纯复形. 则由当前的定义方式, 借用前面提到的单纯复形例子, 我们可以看到街道 s_1 包含路口 v_1, v_2 和 v_3, 而街道 s_2 包含路口 v_2 和 v_4, 这两条街道共享路口 v_2. 因此, 从图 2.5(a) 的单纯复形我们可以很容易理解单纯复形是如何捕捉街道之间共享路口的复杂关系的. 因此, 若我们不为对应的路口分配一个相应的街道名, 那么可能会遗失重要的信息.

在由两个集合 V, S 构造单纯复形的定义中, 我们并没有给出任何选择顶点集 V 的限制条件, 即可以任意地选择顶点集 V. 这可能听起来很奇怪, 但对于街道和路口的例子, 我们可以换一种表述方式, 即街道 s_1 和 s_3 在路口 v_1 处交汇, 街道 s_1, s_2 和 s_4 在路口 v_2 处交汇, 以此类推. 通过这个例子可以预料到我们想表达的意思, 也就是说既然关系 λ 将集合 S 中的元素与集合 V 中的元素联系起来, 那么一定存在另一个对应的关系将集合 V 中相应的元素与集合 S 中的元素联系起来. 我们可以取关系 λ 的逆关系 λ^{-1}[6,7] 将集合 V 中的元素与集合 S 中的元素联系起来, 即 $v_1\lambda^{-1}s_1, v_1\lambda^{-1}s_3, v_2\lambda^{-1}s_1, v_2\lambda^{-1}s_2, \cdots$. 因此我们得到了由关系 λ^{-1} 定义的顶点集 S, 再通过相同的操作, 就可以构造一个单纯复形 $K_V(S, \lambda^{-1})$:

$$\sigma_1(v_1) = \langle s_1, s_3 \rangle$$

$$\sigma_2(v_2) = \langle s_1, s_2, s_4 \rangle$$

$$\sigma_0(v_3) = \langle s_1 \rangle$$

$$\sigma_1(v_4) = \langle s_2, s_3 \rangle$$

$$\sigma_0(v_5) = \langle s_4 \rangle$$

该单纯复形的几何表示如图 2.5(b) 所示. 注意此时集合 V 和集合 S 中的元素已经互换了角色, 在单纯复形 $K_V(S, \lambda^{-1})$ 中, 单形来自集合 V, 而顶点来自集合 S. 现在我们将以上结论推广: 对于由任意两个集合 $S = \{s_1, s_2, \cdots, s_n\}$, $V = \{v_1, v_2, \cdots, v_m\}$ 和关系 λ 定义的单纯复形 $K_S(V, \lambda)$, 由集合 $S = \{s_1, s_2, \cdots, s_n\}$, $V = \{v_1, v_2, \cdots, v_m\}$ 和关系 λ 的逆关系定义的单纯复形 $K_V(S, \lambda^{-1})$ 称为单纯复形 $K_S(V, \lambda)$ 的共轭单纯复形[6,7]. 这里我们用一个例子来阐明单纯复形及其共轭的重要性: 设集合 S 的元素是患者, 集合 V 的元素是临床症状, 那么, 单纯复形 $K_S(V, \lambda)$ 表示一组具有相同症状的患者, 而它的共轭复形 $K_V(S, \lambda^{-1})$ 则表示一组具有相同症状的患者的临床症状.

最后, 正如前面强调过的, 我们可以在单个集合上创建单纯复形, 即 $S = V$. 这时单纯复形 $K_S(S, \lambda)$ 与其共轭单纯复形是相同的.

2.2　单纯复形的性质

至此, 我们已经介绍了单纯复形的三种等价定义, 即几何单纯复形、组合单纯复形和关系单纯复形. 根据单纯复形需要处理的数据和特定问题的不同, 每种定义方式都有其优缺点. 然而为了方便直观地理解, 不管单纯复形最初是以哪种方式定义的, 在示例中我们都会将其表示为几何单纯复形. 这将使读者更好地理解接下来的定义和概念, 感兴趣的读者也可由此验证所得结果.

本节将反复使用同一个例子来解释相关定义和方法. 这个单纯复形例子由两个集合 S 和 V 构成, 其中集合 S 由字母元素组成, 集合 V 由数字元素组成, 如图 2.6.

在 2.2.1 节和 2.2.2 节中, 我们将介绍用于分析尤其是分类单纯复形的概念和度量指标. 沿着其历史发展的顺序, 我们将首先介绍比较抽象的概念——同调, 然后介绍更直观和具体的概念——Q 分析. 然而, 由于这两部分不是相互依赖的关系, 因此读者可以自由地选择阅读顺序.

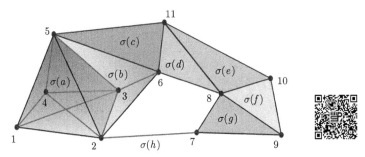

图 2.6   由两个集合构成的单纯复形, 两个集合的元素分别是字母和数字

2.2.1   同调

下面将集中讨论单纯复形的拓扑性质, 首先考虑单纯复形定义中的一个关键性质, 即单纯复形的幂集在形成子集时是保持封闭的. 换句话说, 每个子单形 (面), 也是单纯复形中的一个单形. 虽然通过 2.1 节的铺垫, 我们可能已经熟知该性质, 但就将要提出的概念而言, 它仍是至关重要的. 因此, 当提及 "q-单形" 时, 我们指的是 "所有最大 q 维单形和所有 q 维面".

同调群

或许读者会希望在介绍完一个新的概念和工具后有一个对应的示例用于验证书中结论和理解新的内容, 因此我们将尽可能满足读者这一期待. 为了展示代数拓扑工具的丰富程度, 我们仍使用与前面相同的例子 (图 2.6) 但省略其中单形的命名, 如图 2.7 所示.

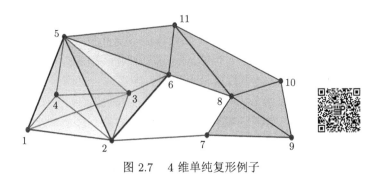

图 2.7   4 维单纯复形例子

我们再次从有限点集 $V = \{v_1, v_2, \cdots, v_m\}$ 出发, 对一个单形顶点 $\{v_{\alpha_0}, v_{\alpha_1}, \cdots, v_{\alpha_q}\}$ 的任意排列就定义了一个有向的 q-单形, 记为 $[v_{\alpha_0}, v_{\alpha_1}, \cdots, v_{\alpha_q}]$, 若 K 中的所有单形都是有向的, 则称 K 是有向的. 提醒读者注意, 我们将无向的单形记作 $\langle v_{\alpha_0}, v_{\alpha_1}, \cdots, v_{\alpha_q} \rangle$. 有向 0-、1-、2-和 3-单形示例如图 2.8 所示, 其中 0-单形是没有方向的.

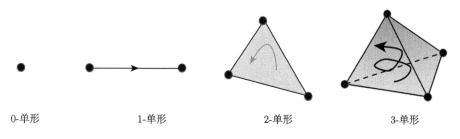

0-单形   1-单形   2-单形   3-单形

图 2.8   有向 0-、1-、2-和 3-单形示例

设 $C_q(K)$(对于每个 $q \geqslant 0$) 是一个向量空间, 该空间的基是有向单纯复形 K 中所有 q-单形的集合, 空间中的元素是基向量的线性组合. 我们将 $C_q(K)$ 中元素称为链. 也就是说, q-链是一个有向 q-单形的形式和:

$$c_q = \sum_i a_i \sigma_q(i)$$

其中系数 a_i 是系数群中的元素, 且它一般为整数群. 形式和是定义了集合元素的一般化和运算, 具有加法的性质, 但不限于实数或任何数域里的和. 因此 1-链是边的形式的线性组合, 2-链是三角形的形式的线性组合, 以此类推. 我们将 $C_q(K)$ 称为链群[1], 由于传统的原因, "链群"这一术语已被广泛接受, 而无论向量空间 $C_q(K)$ 的性质如何, $C_q(K)$ 仍是一个群. 记 $C_q(K)$ 的维度为 f_q, 则 $f_q, q = 1, 2, \cdots, D$ 构成一个重要拓扑不变量 $\boldsymbol{f} = [f_0, f_1, \cdots, f_D]$. 在这个表达式中, f_q 等于单纯复形 K 中 q 维单形的个数, 因此 f_0 表示顶点数, f_1 表示边数, 以此类推. 而当 $q > \dim(K)$ 时, 向量空间 $C_q(K)$ 是平凡的, 即等于 0. 对于图 2.7 中的单纯复形的例子, 其 f-向量为

$$\boldsymbol{f} = [11,\ 24,\ 18,\ 6,\ 1]$$

需要注意的是, 在同调理论中 f-向量的第一项与 0 维单形相关, 第二项与 1 维单形相关, 以此类推. 因此, 图 2.7 中的单纯复形包含 11 个顶点、24 条边、18 个三角形、6 个四面体和 1 个五面体.

在这组向量空间 $C_q(K), 0 \leqslant q \leqslant \dim(K)$ 中存在一个线性变换 $\partial_q : C_q(K) \to C_{q-1}(K)$, 即边界算子, 将基向量 $[v_{\alpha_0}, v_{\alpha_1}, \cdots, v_{\alpha_q}]$ 按如下方式映射[1]:

$$\partial_q \left[v_{\alpha_0}, v_{\alpha_1}, \cdots, v_{\alpha_q} \right] = \sum_{i=0}^{q} (-1)^i \left[v_{\alpha_0}, \cdots, v_{\alpha_{i-1}}, v_{\alpha_{i+1}}, \cdots, v_{\alpha_q} \right]$$

图 2.9 给出了边界算子对图 2.7 中 3-单形及其子单形作用的示例.

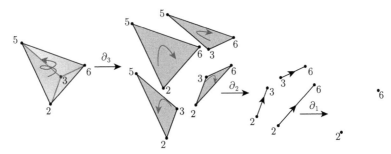

图 2.9 边界算子作用于 3-单形 $[2,3,5,6]$, 2-单形 $[2,3,6]$ 和 1-单形 $[2,6]$ 的示意图

金字塔示例 如下图所示, 在边界算子的作用下, 金字塔分解为四个三角形面.

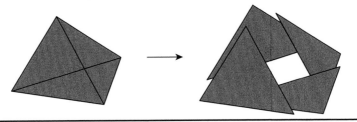

边界算子作用于 q-链实际上是作用于组成 q-链的 q-单形上, 即

$$\partial_q \left(\sum_i a_i \sigma_i^q \right) = \sum_i a_i \partial_q \left(\sigma_i^q \right)$$

通过边界算子 ∂_q 可以连接一系列链群 $C_q(K)$, 也就是所谓的链复形, 其定义如下:

$$\varnothing \to C_q \xrightarrow{\partial_q} C_{q-1} \xrightarrow{\partial_{q-1}} \cdots \to C_1 \xrightarrow{\partial_1} C_0 \xrightarrow{\partial_0} \varnothing$$

且对任意的 q 都有 $\partial_{q-1}\partial_q = 0$. 为了说明这个基本性质, 我们以图 2.9 中的一个四面体 $[2,3,5,6]$ 为例:

$$\partial_3[2,3,5,6] = -[2,3,5] + [2,3,6] - [2,5,6] + [3,5,6]$$

再对其施加一个边界算子得到

$$\partial_2\partial_3[2,3,5,6] = -[2,3] + [2,5] - [3,5] + [2,3] - [2,6] + [3,6] - [2,5]$$

$$+ [2,6] - [5,6] + [3,5] - [3,6] + [5,6] = 0$$

∂_q 的核是所有边界为空的 q-链的集合, 且 q-循环 (循环群 Z_q 中的元素) 是 ∂_q 的核中 q-链. 换句话说, 边界算子将 q-链从 Z_q 映射到零. ∂_{q+1} 的像也是 q-链的集合, 其中 q-链都是 $(q+1)$-链的边界, 记为 B_q(即边界群). 循环群 Z_q 与边界群 B_q 都是链群 C_q 的子群, 即 $B_q \subseteq Z_q \subseteq C_q$. 我们将 q 维同调群定义为

$$H_q = \ker \partial_q / \operatorname{im} \partial_{q+1} = Z_q / B_q$$

同调群 H_q 的元素是 q-循环的等价类, 其中的 q-循环不是任何 $(q+1)$-链的边界, 因此可以直观地理解 q 维同调群描绘了 q 维洞的特征. q 维同调群的阶数 $\beta_q = \operatorname{rank}(H_q)$ 或者 $\beta_q = \dim(H_q)$ 是一个拓扑不变量, 称为贝蒂数, 且贝蒂数就等于单纯复形中 q 维洞的个数. 由于贝蒂数是一个拓扑不变量, 因此被广泛用于区分拓扑空间, 作为拓扑空间分类的一个重要标准. 例如, β_0 的值为单纯复形中的连接组件的个数, β_1 为洞个数, β_2 为空腔个数, 以此类推. 在图 2.7 所示的单纯复形中仅有一个连通组件, 因此 $\beta_0 = 1$, 且有一个由 1 维单形 $[2,6]$, $[2,7]$, $[7,8]$, $[6,8]$ 所围成的 1 维洞, 因此 $\beta_1 = 1$, 如图 2.10 所示.

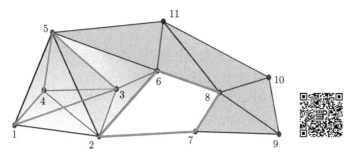

图 2.10　4 维单纯复形中的两个 1 维链的示例

金字塔示例　一个空心金字塔有一个 2 维空洞, 但一个实心金字塔却没有空洞.

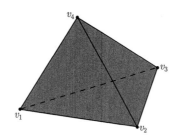

贝蒂数和 f-向量与另一个重要的拓扑不变量相关, 即欧拉示性数. 也就是说, 对于一个单纯复形 K 及其 f-向量 $\boldsymbol{f} = [f_0, f_1, \cdots, f_q, \cdots, f_D]$, 我们将欧拉示性

数定义为

$$X = \sum_{i=0}^{D} (-1)^i f_i$$

另外, 由欧拉-庞加莱定理可知, 贝蒂数的交替和就是欧拉示性数, 即

$$X = \sum_{i=0}^{D} (-1)^i \beta_i$$

每个边界算子都有关于向量空间 $C_q(K)$ 和 $C_{q-1}(K)$ 的基的矩阵表示 B_q, 该矩阵的行与 $(q-1)$-单形相关联, 列与 q-单形相关联, 故该矩阵的行数等于 $(q-1)$-单形的个数, 列数等于 q-单形的个数. 每个边界算子都有其对应的伴随算子 ∂_q^* : $C_{q-1}(K) \to C_q(K)$, 其对应的矩阵表示等于边界算子 ∂_q 矩阵表示的转置, 即 B_q^{T}. 事实上, 第 q 伴随边界算子与第 q 上边界算子 $\delta_q : C^{q-1}(K) \to C^q(K)$[1] 是相同的, 且当 ∂_q^* 选择合适的标量积时, 它们的矩阵表示是一致的. 后面我们将使用边界和上边界算子进一步介绍组合拉普拉斯算子, 那时它们的关系及其用途会更清晰.

持续同调

至此, 已经介绍了同调群及其相关的拓扑不变量, 现在我们可以根据同调的概念扩展出一种描述空间生长变化过程的同调群变化的方法. 我们介绍持续同调性的动机很简单, 同调群的变化反映了拓扑空间的变化, 因此研究持续同调性将有助于我们推断拓扑空间的变化. 也就是说, 我们希望通过记录单纯复形变化时同调群的变化来得到单纯复形的一些特定的附加信息. 单纯复形的变化通常伴随着一些自由参数的变化, 但由于本节将对持续同调性做一般化介绍, 因此我们暂不指定自由参数的含义. 这样的开头可能听起来有些模糊, 为了消除读者的疑惑, 我们将用一个简单的例子来说明我们的观点. 在图 2.11(a) 中, 我们可以看到增加新的顶点、边和三角形, 单纯复形的结构发生改变. 而在图 2.11(b) 中我们看到一组点近似形成一个圆形的形状, 即一个环. 其中为了构建其拓扑形状, 我们需要做一个额外的操作, 即将每个点都作为同样半径的圆盘的中心, 并让圆盘的半径逐渐增大. 当达到某一个半径值时, 彼此重叠的圆盘组合起来将还原该圆环物体的拓扑形状.

在上述两个例子中, 我们注意到一些对象 (如连接组件或空洞) 随着参数 (图 2.11(a) 中的参数是时间, 图 2.11(b) 中的参数是半径) 的改变而出现或消失, 而另外有一些对象, 无论我们如何改变参数, 始终是存在的. 当然, 如果图 2.11(b) 中的半径参数继续增加下去, 中心的那个空洞最终也将被填满, 但关键是这个空洞是保持最持久的. 这也从某种方面说明了持续同调性名字的由来.

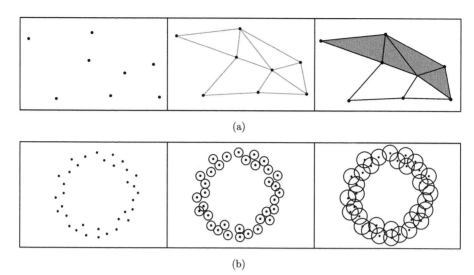

(a)

(b)

图 2.11 单纯复形 (a) 和点集 (b) 的拓扑结构变化

有了以上这些直观的例子, 我们现在可以概括持续同调的概念了. 事实上, 在最广泛的意义上, 持久同调记录了一个嵌套空间序列 (在我们的例子中是单纯复形嵌套序列) 的拓扑性质的变化, 我们称嵌套空间序列

$$\varnothing = K_{r_0} \subseteq K_{r_1} \subseteq \cdots \subseteq K_{r_n} = K \tag{2.2}$$

为过滤[9], 其中 $r_i \leqslant r_j$, $i \leqslant j$ 是自由参数. 单纯复形序列的嵌套性意味着该序列是一个在过滤过程中逐步产生子单纯复形的序列. 从这些例子可以看出, 自由参数 r_i 的选择取决于我们想要分析的特定系统, 我们可以将其取作时间、半径、直径等任何量. 换句话说, 一个单纯复形的过滤可以理解为一个单纯复形在逐步演化或者一个不断增长的单纯复形序列, 即在每个过滤的阶段中, 我们总是在已有的单纯复形的基础上再添加单纯复形, 而不是删除.

因此, 由嵌套单纯复形序列 (2.2) 可以得到 k 维同调群的映射, 表示如下:

$$0 \to H_k(K_{r_1}) \to H_k(K_{r_2}) \to \cdots \to H_k(K_{r_n})$$

从同调群的定义来看, 同调群是由提取了边界循环的循环等价类构成的, 其中那些存在周期超过参数阈值的非边界循环是我们格外关注的, 因为它们代表了单纯复形中持续或长期存在的一些拓扑性质. 因此, 这些重要的非边界循环在参数 r_i 的一长段取值区间中持续存在. 这里我们使用持续同调群 $H_k(r_i, r_j)$ 来量化从 K_{r_i} 到 K_{r_j} 所有单纯复形中都持续存在的拓扑不变量. 换言之, 持续同调群将 K_{r_i} 中的循环与 K_{r_j} 中的边界循环视作等价, 即

$$H_k(r_i, r_j) = Z_k(r_i) / (B_k(r_j) \cap Z_k(r_i))$$

因此, 持续同调描绘了每个过滤阶段单纯复形的整体拓扑结构, 从而记录了每个循环等价类的诞生 (出现) 和消亡 (消失), 即同调群生成元. 如果 $H_k(K_{r_i})$ 中某一同调群生成元仍对应于 $H_k(K_{r_{i+1}})$ 中一非零像, 则我们称该同调群生成元从 r_i 到 r_{i+1} 是持续的, 否则, 称它消亡了. 如果 $H_k(K_{r_j})$ 中某一同调群生成元不在 $H_k(K_{r_{j-1}})$ 的像中, 则我们称它在 r_j 处诞生. 具体而言, 如图 2.11 所示, 我们改变 (即增加) 自由参数 r_i 从而逐步添加新的单形到已有的单纯复形中. 另外, 由定义可知同调群生成元实际上就是空洞, 空洞可以理解为一部分没有填充单形的单纯复形. 因此, 在从一个过滤阶段到另一个过滤阶段的过程中, 新添加的单形可能会破坏一些同调群生成元, 也就是说新的单形可能会 "填充" 那些空洞, 同时也可能产生新的同调群生成元, 即产生新的空洞. 于是, 同调群生成元的诞生和消亡对应于单纯复形在过滤过程中的拓扑变化. 对于某一特定的同调群生成元来说, 创建它的过滤阶段我们称为诞生阶段, 将其自由参数记为 r_b, 而破坏它的过滤阶段我们称为消亡阶段, 将其自由参数记为 r_d. 由此我们可以计算出每个同调类持续存在于哪些过滤阶段, 并由一对数组 (r_b, r_a) 来表示每个同调类的诞生阶段和消亡阶段. 换句话说, 每个同调群生成元对应的数组 (r_b, r_a) 表示该同调群生成元的持续区间.

尽管有许多可视化持续同调性的方法, 但我们这里只介绍最常见的两种方法, 即持续条码[10,11] 和持续图[12]. 在持续条码中, 水平横轴表示过滤参数的变化, 纵轴表示同调群生成元, 水平线表示 p 阶同调群生成元在过滤过程中的持续区间, 即从 r_b 到 r_a. 因此, 每个 p 都对应着一列长度不同的水平线, 如图 2.12 所示. 持续条码描述了单纯复形的拓扑演化, 其中水平线的长度表示了空洞的重要性, 即水平线越短表示空洞越不重要; 长的水平线表示与参数变化相关的拓扑特征具有强的鲁棒性. 在持续图中, 横坐标与同调群生成元诞生的自由参数值有关, 纵坐标与同调群生成元消亡的自由参数值有关. 因此, 持续图中某点的坐标 (r_b, r_d) 表示第 q 个同调群中某一特定生成元 (即 q 维空洞) 的诞生与消亡. 需要注意的是, 持续图中的点一定位于对角线上方. 由此我们可以得出结论, 即持续条码中的短线和持续图中对角线上或附近的点都与持续时间较短的 q 维空洞有关, 它们就是拓扑噪声[13].

在图 2.12 中, 我们展示了一个单纯复形的任一过滤阶段, 该单纯复形仅由一个四面体单形构成. 为了简单起见, 我们暂时忽略建立单纯复形的准则, 将集中讨论单纯复形在过滤过程中的拓扑变化. 因此, 如果我们在第一个过滤阶段只添加 4 个顶点, 即 0-单形 (图 2.12 中四个红色点), 则有 4 个不连接的组件 ($\beta_0 = 4$). 在下一过滤阶段我们添加 4 条边, 即 1-单形 (图 2.12 中四条红色线段) 连通了 4 个顶点, 因此 0 阶贝蒂数 β_0 减少为 1. 然而, 在这一阶段出现了一个非边界循环, 即 1 维空洞, 因此 1 阶贝蒂数 β_1 增加为 1. 仅从这两个阶段, 我们就可以注意到添加新单形会破坏一些不变量并构建新的不变量. 然而, 这两个过程不一定同时发生, 例如在下一阶段, 我们只增加两条边, 即 1-单形 (图 2.12 中两条红色线段), 则 1 阶贝蒂数增加 ($\beta_1 = 1 \to \beta_1 = 4$), 那么就只产生新的空洞, 而没有减少其他贝蒂数. 再下一阶段我们添加了一个三角形, 即 2-单形 (在图 2.12 中标为红色), 与前一阶段不同, 它破坏了一个空洞, 因此 1 阶贝蒂数减少 ($\beta_1 = 4 \to \beta_1 = 3$). 在第五阶段, 我们又增加了 3 个三角形 (图 2.12 中红色的 2-单形), 建立了一个新的 2 维空洞, 同时也破坏了 1 维孔 ($\beta_1 = 3 \to \beta_1 = 0$), 由此增加了 2 阶贝蒂数 ($\beta_2 = 0 \to \beta_2 = 1$). 这个阶段可以看作构建了一个空心的金字塔 (或空心四面体). 在最后阶段, 我们添加了一个 3-单形, 即生成一个实心四面体. 它破坏一个 2 维空洞 ($\beta_2 = 1 \to \beta_2 = 0$). 在分析过滤阶段拓扑结构变化的时候, 我们注意到短线 (即存在时间较短的空洞) 对单纯复形的最终结构没有显著影响. 即使这个例子相对简单, 我们仍可以从中直观地理解持续同调的作用. 当持续同调应用到非平凡的单纯复形中, 我们会更深刻感受到它的意义.

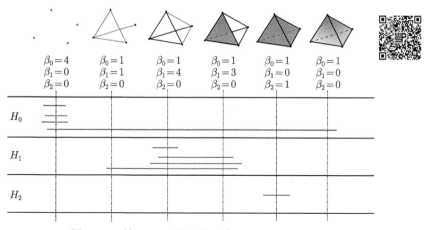

$$\beta_0 = 4 \quad \beta_0 = 1 \quad \beta_0 = 1 \quad \beta_0 = 1 \quad \beta_0 = 1 \quad \beta_0 = 1$$
$$\beta_1 = 0 \quad \beta_1 = 1 \quad \beta_1 = 4 \quad \beta_1 = 3 \quad \beta_1 = 0 \quad \beta_1 = 0$$
$$\beta_2 = 0 \quad \beta_2 = 0 \quad \beta_2 = 0 \quad \beta_2 = 0 \quad \beta_2 = 1 \quad \beta_2 = 0$$

H_0

H_1

H_2

图 2.12 单形 (四面体) 的过滤及其对应的持续条码示例

在图 2.13 这一单纯复形过滤的示例中我们同样忽略增加单形的准则, 而是通过例子中的条码直观地说明过滤过程中单纯复形拓扑结构的变化.

如图 2.13 所示, 我们给出了一个更复杂的单纯复形的持续条码来记录过滤过程中的拓扑结构变化情况. 与图 2.12 一样, 我们将新添加的单形标记为红色. 尽管该图仅列出了一小段过滤过程, 但仍能明显看到拓扑噪声的数量非常多, 特别是在早期过滤阶段, 这些拓扑噪声完全掩盖了 1 维孔, 尽管它持续地存在于整个过滤过程.

对上述例子进行检查, 我们可以发现并推断出持续同调群 $H_k^{r_i \to r_j}$ 的阶数等于在相应的参数范围 (r_i, r_j) 内同调群 H_k 的条码片段数量, 其中 r_i 和 r_j 分别对

应于过滤单纯复形 $K_i(r_i)$ 和 $K_j(r_j)$.

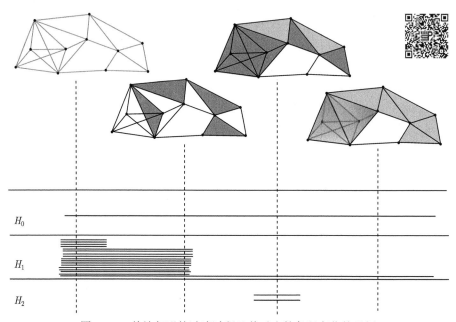

图 2.13 单纯复形的过滤过程及其对应的条码变化的示例

组合拉普拉斯算子

接下来我们将介绍组合拉普拉斯算子这一代数拓扑概念. 乍一看组合拉普拉斯算子与同调这个概念好像关系不大, 但从另一个角度来看, 它与同调是紧密相关的, 我们可以用组合拉普拉斯算子来计算同调群的秩, 即贝蒂数, 因此它是一种十分有效的计算工具. 这一部分的内容主要参考 Goldberg 的介绍性著作 *Combinatorial Laplacians of Simplicial Complexes*(《单纯复形的组合拉普拉斯算子》)[14].

从单纯复形的定义来看, 单形的任意一个面仍是单形. 因此, 选取两个 q-单形 σ_q 和 τ_q, 若它们都是某个高维单形 (如 $q+1$ 维单形) 的面, 我们称单形 σ_q 和 τ_q 因为共属于一个高维单形而邻接. 另一方面, 若这两个单形共享同一个低维单形 (如 $q-1$ 维单形), 则它们因为共享一个低维单形而邻接. 直观地给出单形之间这种非平凡的邻接关系, 自然就引出一个新的任务, 即如何存储和使用这些信息? 为了推导一个合适的度量, 我们将运用 2.2.1 节介绍过的有向单形和边界算子等概念. 回想一下, q-单形顶点的任意排列定义了一个有向 q-单形, 而边界运算则将 q-单形映射到 $(q-1)$-单形.

若要给"邻接"一个合适且准确的定义, 仅凭直观的感觉是不够的, 所以需要给出一个更正式的定义, 同时这也便于阐述后续结论. 对于一个有向单纯复形 K

上的两个 q-单形 $\sigma_q(i)$ 和 $\sigma_q(j)$, 如果它们都是 K 中某 $(q+1)$-单形的面, 则称它们是上邻接的, 记为 $\sigma_q(i) \sim_U \sigma_q(j)$. K 中 q-单形 σ_q 的上度, 记为 $\deg_U(\sigma_q)$, 是 K 中包含子单形 σ_q 的 $(q+1)$-单形的数量. 假设有向 q-单形 $\sigma_q(i)$ 和 $\sigma_q(j)$ 上邻接且它们都是 $(q+1)$-单形 τ 的面, 我们将边界算子 $\partial_{q+1}(\tau)$ 作用于 τ 得到其 q 维面的形式和, 若形式和中 $\sigma_q(i)$ 和 $\sigma_q(j)$ 的符号相同, 则我们称 $\sigma_q(i)$ 与 $\sigma_q(j)$ 方向相似; 若符号相反, 则我们称 $\sigma_q(i)$ 与 $\sigma_q(j)$ 方向不相似. 对于一个有向单纯复形 K 的两个 q-单形 $\sigma_q(i)$ 和 $\sigma_q(j)$, 如果它们有共同的 $(q-1)$-面 (即 $(q-1)$-单形), 我们称它们是下邻接的, 记为 $\sigma_q(i) \sim_L \sigma_q(j)$. 同样地, q-单形的下度 $\deg_L(\sigma_q)$ 定义为 σ_q 中 $(q-1)$-面的数量, 且下度总是等于 $q+1$. 假设有向 q-单形 $\sigma_q(i)$ 和 $\sigma_q(j)$ 下邻接且有一个共同 $q-1$ 维单形 η, 我们将边界算子 $\partial_q(\tau)$ 作用于 $\sigma_q(i)$ 和 $\sigma_q(j)$ 得到它们 $q-1$ 维面的形式和, 若在这两个形式和中 η 的符号相同, 则我们称 η 是 $\sigma_q(i)$ 和 $\sigma_q(j)$ 方向相似的共同低维单形, 若在这两个形式和中 η 的符号相反, 则我们称 η 是 $\sigma_q(i)$ 和 $\sigma_q(j)$ 方向不相似的共同低维单形.

为了进一步说明上/下邻接的概念, 我们利用图 2.14 的示例来解释. 两个四面体, 即 3-单形 $\langle 0,1,2,3 \rangle$ 和 $\langle 1,2,3,4 \rangle$ 都包含同一个三角形, 即 2 维单形 (2-面)$\langle 1,2,3 \rangle$, 因此我们称它们是下邻接的. 另外, 两个三角形, 即 2-单形 $\langle 0,1,2 \rangle$ 和 $\langle 1,2,3 \rangle$ 都是 3-单形 $\langle 0,1,2,3 \rangle$ 的面, 因此它们是上邻接的. 三角形 $\langle 1,2,3 \rangle$ 的上度 $\deg_U(\langle 1,2,3 \rangle) = 2$, 因为它是两个四面体 $\langle 0,1,2,3 \rangle$ 和 $\langle 1,2,3,4 \rangle$ 的面, 而四面体 $\langle 0,1,2,3 \rangle$ 和 $\langle 1,2,3,4 \rangle$ 的下度是相同的, 因为它们都包含四个三角形, 即 $\deg_L(\langle 0,1,2,3 \rangle) = \deg_L(\langle 1,2,3,4 \rangle) = 4$.

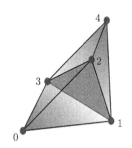

图 2.14　两个 3-单形邻接的例子

3-单形 $\langle 0,1,2,3 \rangle$ 和 $\langle 1,2,3,4 \rangle$ 是**下邻接的**, 由于它们有同一个 2-面 $\langle 1,2,3 \rangle$
2-单形 $\langle 0,1,2 \rangle$ 和 $\langle 1,2,3 \rangle$ 是**上邻接的**, 由于它们都是 3-单形 $\langle 0,1,2,3 \rangle$ 的面

从图 2.15 这一更复杂的例子来看, 上下邻接的概念就更清晰了. 单形 $\sigma_2(i)$ 和 $\sigma_2(j)$ 具有双重邻接关系, 即它们都属于单形 $\tau_3(k)$, 因而它们是上邻接的, 同时它们又共同包含单形 φ_1, 因而它们又是下邻接的.

边界算子及其伴随算子为定义单纯复形的组合拉普拉斯算子提供了必要条件. 对于单纯复形 K 和整数 $q \geqslant 0$, q 维组合拉普拉斯算子 $L_q : C_q \to C_q$ 是

一个线性算子 (因为线性映射的组合仍是一个线性映射), 定义为如下形式[15]:

$$L_q = \partial_{q+1}\partial_{q+1}^* + \partial_q^*\partial_q \tag{2.3}$$

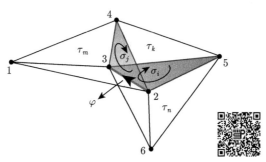

图 2.15　单形 $\sigma_q(i)$ 与 $\sigma_q(j)$ 上下邻接的例子

结合上下邻接定义和拉普拉斯算子 L_q 定义 (2.3), 我们可以定义上下组合拉普拉斯算子:

$$L_q^{UP} = \partial_{q+1}\partial_{q+1}^* \quad \text{和} \quad L_q^{DN} = \partial_q^*\partial_q$$

其中 L_q^{UP} 代表上组合拉普拉斯算子, L_q^{DN} 代表下组合拉普拉斯算子. 根据链群 C_q 和 C_{q-1} 标准基的排序, 单纯复形 K 的 q 维组合拉普拉斯算子的矩阵表示为

$$L_q = B_{q+1}B_{q+1}^{\mathrm{T}} + B_q B_q^{\mathrm{T}}$$

考虑到上下组合拉普拉斯算子, 为方便起见, 我们可以记

$$L_q^{UP} = B_{q+1}B_{q+1}^{\mathrm{T}} \quad \text{和} \quad L_q^{DN} = B_q B_q^{\mathrm{T}}$$

作为例子, 我们计算图 2.16 中单纯复形的组合拉普拉斯算子. 边界算子的矩阵表示如下:

$$B_1 = \begin{bmatrix} -1 & 0 & -1 & 0 \\ 1 & -1 & 0 & -1 \\ 0 & 1 & 1 & 0 \\ 0 & 0 & 0 & 1 \end{bmatrix}$$

其中行与 $v_1 \sim v_4$ 有关, 列与 $a \sim d$ 有关, 且

$$B_2 = \begin{bmatrix} 1 \\ 1 \\ -1 \\ 0 \end{bmatrix}$$

其中行与 $a \sim d$ 有关, 列与 α 有关.

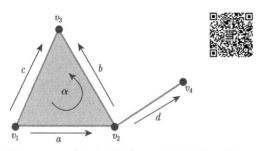

图 2.16 一个有向单纯复形及其每个单形的标记

这些矩阵很容易理解. 例如, 矩阵 B_1 的元素 $B_1(1,1)$ 等于 -1 是由于顶点 v_1 是 1-单形 a 的起点, 元素 $B_1(2,1)$ 等于 1 是由于顶点 v_2 是 1-单形 a 的终点, 矩阵 B_2 的元素 $B_2(1,1)$ 等于 1 是由于有向单形 α 与边 a 的方向相同, 此时元素 $B_2(3,1)$ 等于 -1 是由于有向单形 α 与边 c 的方向相反. 该单纯复形的 q 维组合拉普拉斯算子为

$$L_0 = B_1 \cdot B_1^{\mathrm{T}}, \quad L_1 = B_2 \cdot B_2^{\mathrm{T}} + B_1^{\mathrm{T}} \cdot B_1, \quad L_2 = B_2^{\mathrm{T}} \cdot B_2$$

上述组合拉普拉斯算子的显式计算, 以及拆分上、下组合拉普拉斯矩阵留给读者作为一个简单的练习.

通过上述铺垫, 我们知道组合拉普拉斯算子记录了单形之间的上下邻接关系[16]. 图 2.16 是由节点 (0 维单形) 与连接节点的连边 (1 维单形) 构成的, 即单形的最高维度为 1, 因此图 2.16 是一个 1 维单纯复形. 接下来我们推导组合拉普拉斯算子. 由于单纯复形 K 的 0 维组合拉普拉斯算子是线性映射 $L_0 : C_0(K) \to C_0(K)$, 且将映射 ∂_0 和 ∂_0^* 都假定为零映射, 则有

$$L_0 = \partial_1 \partial_1^*$$

其中边界算子 $\partial_1 : C_1(K) \to C_0(K)$ 将边映射到顶点. 由于边界算子 ∂_1 的矩阵表示 B_1 的行与顶点有关, 列与连边有关 (图 2.16), 显然矩阵 B_1 与有向图的关联矩阵相同[17]. 因此, 组合拉普拉斯的矩阵表示为 $L_0 = B_1 \cdot B_1^{\mathrm{T}}$, 其元素为

$$(L_0)_{ij} = \begin{cases} \deg(v_i), & \text{若 } i = j \\ -1, & \text{若 } v_i \sim v_j \\ 0, & \text{其他情况} \end{cases} \tag{2.4}$$

其中 $\deg(v_i)$ 是顶点度 (即顶点 v_i 的邻居数), $v_i \sim v_j$ 是指顶点 v_i 与 v_j 具有邻接关系, 这里的 $v_i \sim v_j$ 就是上邻接, $v_i \sim_U v_j$. 0 维组合拉普拉斯算子的元素与图拉

普拉斯算子, 即 $L_{\text{graph}} = D - A$ 的元素相同, 其中矩阵 D 的对角线元素等于顶点度 (即 $D_{ii} = \deg(v_i)$), 非对角线元素全为 0. 若 $v_i \sim v_j$ 则矩阵 A 中元素 $A_{ij} = 1$, 若顶点 v_i 与 v_j 不邻接则 $A_{ij} = 0$, 且 $A_{ii} = 0$(该图是无向的、无权的、无自环与重边的)[18].

一般情况下, 我们假设 K 是一个有向单纯复形, q 是整数且有 $0 < q \leqslant \dim(K)$, 我们记 $\{\sigma^1, \sigma^2, \cdots, \sigma^n\}$ 为单纯复形中的 q-形, 则由 $L_q = L_q^{UP} + L_q^{DN}$, $(L_q^{UP})_{ii} = \deg_U(\sigma^i)$ 且 $(L_q^{DN})_{ii} = \deg_L(\sigma^i)$ 不难得出

$$
(L_q)_{ij} = \begin{cases} \deg_U(\sigma^i) + q + 1, & \text{若 } i = j \\ 1, & \text{若 } i \neq j \text{ 且 } \sigma^i \text{ 与 } \sigma^j \text{ 不是上邻接的,} \\ & \text{但共享方向相似的面下邻接} \\ -1, & \text{若 } i \neq j \text{ 且 } \sigma^i \text{ 与 } \sigma^j \text{ 不是上邻接的,} \\ & \text{但共享方向不相似的面下邻接} \\ 0, & \text{若 } i \neq j \text{ 且 } \sigma^i \text{ 与 } \sigma^j \text{ 是上邻接的, 或不是下邻接的} \end{cases}
$$

$$(2.5)$$

上述结论的具体证明比较直观[14]. 为了方便后面使用, 我们需要注意, 由于每个 q 维单形都有且仅有 $q + 1$ 个 $(q - 1)$-面, 因此 $(L_q)_{ii} = \deg_U(\sigma^i) + \deg_L(\sigma^i) = \deg_U(\sigma^i) + q + 1$. 显然, 当 $q = 0$ 时单纯复形的拉普拉斯矩阵就是图的拉普拉斯矩阵.

当应用到大规模的单纯复形的时候, 上述矩阵元素的定义并不方便, 也不甚实用. 因此我们需要开发一些更便于计算的方法来提取组合拉普拉斯算子中有意义的信息. 接下来我们关注 q 维组合拉普拉斯矩阵 L_q 的特征值和特征向量. 记有向单纯复形 K 的 q 维拉普拉斯算子谱为 $S(L_q(K))$, 其中 $0 \leqslant q \leqslant \dim(K)$, 它记录了 L_q 的特征值及特征值重数, 且与 q-形在单纯复形 K 中的方向无关. 由于 q 维拉普拉斯矩阵是半正定的, 因此它所有特征值都是非负的. 另外, 我们记 $L_q(K)$ 的零特征值空间为零空间 $N(L_q(K))$. 正如前面所保证的, 现在我们可以将组合拉普拉斯算子与同调联系起来. 组合 Hodge 定理表明 q 维同调群 $H_p(K)$ 与 q 维组合拉普拉斯算子的零空间同构[19], 即

$$H_p(K) \cong N(L_q(K))$$

其中 $0 \leqslant q \leqslant \dim(K)$. 因此, q 维组合拉普拉斯算子零特征值的重数等于单纯复形的 q 维空洞数, 即贝蒂数[20]. 这个结论非常有用, 它为计算贝蒂数提供了一种实用的方法.

下面将介绍 q 维拉普拉斯算子的谱的一些性质, 这有助于分析和解释所得

结果. 如果单纯复形 K 由相互不连接的几个部分构成, 这些部分本身也是单纯复形 $K_1, K_2, \cdots, K_n$, 那么单纯复形 K 的 q 维拉普拉斯算子的谱等于单纯复形 $L_q(K_i)$, $i = 1, 2, \cdots, n$ 的 q 维拉普拉斯算子的谱的并[14], 即

$$S(L_q(K)) = S(L_q(K_1)) \cup S(L_q(K_2)) \cup \cdots \cup S(L_q(K_n))$$

其中 $0 \leqslant q \leqslant \dim(K)$.

另一个非常重要的性质是, 如果单纯复形 K 是由两个单纯复形 K_1 和 K_2 沿 q-面粘接而成的, 那么谱 S 是 K_1 和 K_2 谱的并集, 即 $S(L_i(K)) = S(L_i(K_1)) \cup S(L_i(K_2))$, 其中 $i \geqslant q + 2$. 由于我们将讨论由一个图的集团 (即所有相互连接的顶点集合) 组成的单纯复形例子, 因此特别指出 k-集团 G(即包含 k 个顶点的集团) 的谱 $S(L_i(G))$. 当 $i = 0$ 时, $S(L_0(G)) = \{0, [k]^{k-1}\}$[14], 也等价于 $S(L_0(G)) = \{0, [k]^{f_0-1}\}$. 并且当 $i = 1, 2, \cdots, k$ 时, $S(L_i(G)) = \{[k]^{f_i}\}$, 其中 $f_0, f_1, \cdots, f_{k-1}$ 是 f-向量中的元素, $[k]$ 的指数表示特征值 k 的重数[21]. 以上提到的性质都可以由 (2.4) 和 (2.5) 推得. 也就是说, k-集团 G 中的每个顶点的上度都为 $k-1$, 且任意两个不同的顶点都由一个上单形 (边) 连接, 因此由 (2.4) 可得, 对于 $q = 0$,

$$L_0(G) = \begin{bmatrix} k-1 & -1 & \cdots & -1 \\ -1 & k-1 & \cdots & -1 \\ \vdots & \vdots & \ddots & \vdots \\ -1 & -1 & \cdots & k-1 \end{bmatrix}$$

因此, 我们可以计算出 $L_0(G)$ 的谱 $S(L_0(G)) = \{0, [k]^{k-1}\}$, 且由于 f-向量中的第 0 项等于单纯复形中的节点数, 即 $f_0 = k$, 所以我们可以写作 $S(L_0(G)) = \{0, [k]^{f_0-1}\}$. 对于 $0 < q \leqslant (k-1)$, G 中任一 q-单形 σ^i 的上度 $\deg_U(\sigma^i) = (k-1) - q$ 且任意两个 q-单形 σ^i 和 σ^j 都是上邻接的, 因此由 (2.5) 可得, 对于 $q > 0$,

$$L_q(G) = \begin{bmatrix} k & 0 & \cdots & 0 \\ 0 & k & \cdots & 0 \\ \vdots & \vdots & \ddots & \vdots \\ 0 & 0 & \cdots & k \end{bmatrix}_{f_q \times f_q}$$

所以, 其特征值谱只有一个特征值 $\lambda = k$, 且其重数等于 q-单形的数量, 即 f-向量的第 q 项 f_q, 因此 $S(L_q(G)) = \{[k]^{f_q}\}$. 对于某个 $(k-1)$-单形, 其 f_q 等于其 q 维面的个数, 即

$$f_q = \frac{k!}{(k-1-q)!(q+1)!}$$

如图 2.17 所示, 我们给出了一个解释组合拉普拉斯谱性质的示例, 其中 S_q 表示谱的第 q 个分量. 图 (a) 是两个分离的单形组成的单纯复形, 因此可以将图 (a) 看作两个单形沿着 (-1) 维面连接, 从图 (b) 到 (d) 两个单形首先沿着一个 0 维面 (图 (b)) 连接, 然后沿着一个 1 维面 (图 (c)) 和一个 2 维面 (图 (d)) 连接. 图 2.17 中也给出了图 (a)~(d) 的特征值谱.

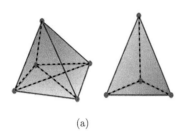

(a)

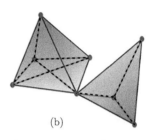

(b)

$S_0 = \{0, 0, 4, 4, 4, 5, 5, 5, 5\}$

$S_1 = \{4, 4, 4, 4, 4, 4, 5, 5, 5, 5, 5, 5, 5, 5, 5\}$

$S_2 = \{4, 4, 4, 4, 5, 5, 5, 5, 5, 5, 5, 5, 5, 5\}$

$S_3 = \{4, 5, 5, 5, 5, 5\}$

$S_4 = \{5\}$

$S_0 = \{0, 1, 4, 4, 5, 5, 5, 8\}$

$S_1 = \{1, 4, 4, 4, 4, 4, 5, 5, 5, 5, 5, 5, 5, 5, 8\}$

$S_2 = \{4, 4, 4, 4, 5, 5, 5, 5, 5, 5, 5, 5, 5, 5\}$

$S_3 = \{4, 5, 5, 5, 5, 5\}$

$S_4 = \{5\}$

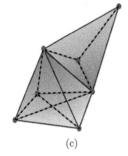

(c)

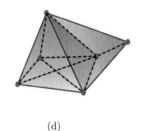

(d)

$S_0 = \{0, 2, 4, 5, 5, 7, 7\}$

$S_1 = \{2, 2, 4, 4, 4, 5, 5, 5, 5, 5, 5, 5, 7, 7, 7\}$

$S_2 = \{2, 4, 4, 4, 5, 5, 5, 5, 5, 5, 5, 5, 5, 7\}$

$S_3 = \{4, 5, 5, 5, 5, 5\}$

$S_4 = \{5\}$

$S_0 = \{0, 3, 5, 6, 6, 6\}$

$S_1 = \{3, 3, 3, 5, 5, 5, 5, 6, 6, 6, 6, 6, 6\}$

$S_2 = \{3, 3, 3, 5, 5, 5, 5, 5, 6, 6, 6, 6\}$

$S_3 = \{3, 5, 5, 5, 5, 6\}$

$S_4 = \{5\}$

图 2.17　单纯复形及其特征值谱示例, 单纯复形由一个 4-单形和一个 3-单形组成且它们共享 (a)(−1)-面, (b) 0-面, (c) 1-面, (d) 2-面

从方法的实用性考虑, 对比不同单纯复形组合拉普拉斯算子的特征值谱最清晰的方式就是将其可视化. 由于我们处理的 $\dim(K) + 1$ 单纯复形特征值谱数量相当大, 这里将避免选择直方图或相对频率图这类依赖于箱体数量和大小的可视化方法, 而是选择仅依赖于一个单值参数的可视化方法. 因此, 我们采用由狄拉克

δ-函数 $\delta(\lambda, \lambda_q^i)$ 表示的谱密度与平滑核 $g(x, \lambda)$ 两者的卷积, 使得密度函数[22]

$$f(x) = \sum_i \int g(x, \lambda) \delta\left(\lambda, \lambda_q^i\right) \mathrm{d}\lambda$$

具有优越的可视化特性, 其中 λ_q^i 是指 q 维组合拉普拉斯算子的第 i 个特征值. 在构造密度函数时核函数的选择并不唯一, 许多核函数都是有效的, 例如, Cauchy-Lorentz 分布 $\dfrac{1}{\pi}\dfrac{\gamma}{(\lambda - x)^2 + \gamma^2}$ 或高斯分布 $\dfrac{1}{\sqrt{2\pi}\sigma}\exp\left(-\dfrac{(x - m_x)^2}{2\sigma^2}\right)$. 考虑到书中的例子, 我们选择 Cauchy-Lorentz 核来构造如下密度函数:

$$f(x) = \sum_i \frac{\gamma}{(\lambda_q^i - x)^2 + \gamma^2}$$

其中 γ 是调节图像分辨率 (图像细节的精细程度) 的固定参数, 因此过高的 γ 值会使谱模糊, 而过低的 γ 值会掩盖谱的性质. 在有关谱的例子中我们总是选取 $\gamma = 0.03$.

为说明上述可视化方法, 我们将回到一个具体单纯复形示例 (方便起见, 这里我们使用图 2.18 中的例子), 其组合拉普拉斯算子的卷积谱如图 2.19 中 E_0 至 E_4 所示, 图中峰值与特征值相关. 对比图 2.18 中单纯复形和组合拉普拉斯算子 L_0 和 L_1 的特征值, 我们会注意到其中 0 特征值分别源于单个连通分量和 1 维空洞存在. 这个结果验证了组合 Hodge 定理, 即第 q 个组合拉普拉斯算子 L_q 的零空间与第 q 个同调群 H_q 同构, 因此 0 特征值的重数等于 0 阶贝蒂数. 从某种意义上来说, 这个结论是意料之中的, 我们只是在实践中检验了组合 Hodge 定理, 现在让我们从这些数据中寻找一些额外的信息. 在图 2.19 中 E_0 至 E_4 都在特征值为 5 时出现明显的峰值, 也就是说, 特征值 5 出现在 0 维组合拉普拉斯算子, 并且一直存在到 4 维组合拉普拉斯算子中. 如图 2.18 所示, 最大的单形是由 5 个顶点构成的 4-单形, 前面提到的组合拉普拉斯算子谱的性质自然地就解释了这样的现象, 即特征值 5 是源于 4-单形在单纯复形中的存在性以及其与其他单形的连接关系. 如何将这个结论与组合拉普拉斯谱的性质明确地联系起来? 我们把这个问题作为一个简单的练习留给读者. 除了特征值的优势, 我们还注意到随着维数的增加, 距离特征值 5 较远的特征值逐渐消失了, 最后在 4 维组合拉普拉斯算子谱中只留下 4-单形的特征值, 即特征值 5. 这个现象可以反映出某一单形的重要性. 这个结论看似微不足道, 因为简单查看图 2.18, 我们就可以得出相同的结论. 然而, 我们通常面对的是相当大的单纯复形, 它们不能像示例那样用简单的图形表示, 因此, 开发一些能够揭示潜藏信息的方法变得至关重要.

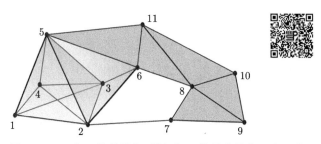

图 2.18 一个 4 维单纯复形例子, 即其最大的单形为 4-单形

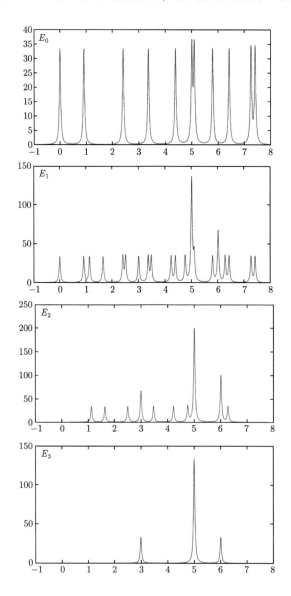

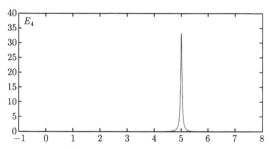

图 2.19　维度从 0 到 4 的组合拉普拉斯矩阵特征谱

2.2.2　Q 分析

在本节中, 我们将介绍一种称为 Q 分析的方法, 用于刻画单纯复形. 它最早是由 Atkin 引入的 [5]. 他本人致力于让社会学研究成为像物理学一样的 "硬科学" [4].

关联矩阵

集合 S 和 V 之间的关系可以用矩阵的形式表示, 其中矩阵的行与单形有关, 列与顶点有关. 这个矩阵称为关联矩阵, 记为 Λ, 如果矩阵元素 $[\Lambda_{ij}]$ 等于 1, 则单形 $\sigma(i)$ 包含顶点 j, 否则矩阵元素 $[\Lambda_{ij}]$ 等于 0. 因此, 以图 2.6 为例, 行对应集合 S 中的元素, 列则对应集合 V 中的元素, 若元素 $s_i \in S$ 与元素 $v_j \in V$ 是 λ-相关的, 则矩阵元素 $[\Lambda_{ij}]$ 等于 1, 所以简单计算可得该单纯复形的关联矩阵如下:

$$\Lambda = \begin{bmatrix} 1 & 1 & 1 & 1 & 1 & 0 & 0 & 0 & 0 & 0 & 0 \\ 0 & 1 & 1 & 0 & 1 & 1 & 0 & 0 & 0 & 0 & 0 \\ 0 & 0 & 0 & 0 & 1 & 1 & 0 & 0 & 0 & 0 & 1 \\ 0 & 0 & 0 & 0 & 0 & 1 & 0 & 1 & 0 & 0 & 1 \\ 0 & 0 & 0 & 0 & 0 & 0 & 0 & 1 & 0 & 1 & 1 \\ 0 & 0 & 0 & 0 & 0 & 0 & 0 & 1 & 1 & 1 & 0 \\ 0 & 0 & 0 & 0 & 0 & 0 & 0 & 1 & 1 & 1 & 0 & 0 \\ 0 & 1 & 0 & 0 & 0 & 0 & 1 & 0 & 0 & 0 & 0 \end{bmatrix}$$

其中行与图 2.6 中用字母 $a \sim h$ 表示的单形有关, 列与用数字 $1 \sim 11$ 表示的顶点有关, 且易证得某单纯复形 y 与其共轭复形的关联矩阵互为转置.

记录单形之间关系的矩阵称为连接矩阵 [7], 定义为

$$\Pi = \Lambda \cdot \Lambda^{\mathrm{T}} - \Omega$$

其中 Λ 为关联矩阵, Ω 的矩阵元素全为 1, T 为矩阵的转置运算符. 矩阵 Π 的行和列都与单形相关, 对角元素表示对应单形的维数, 而非对角元素表示单形间共

享的面的维数. 由定义可知, 元素 $[\Pi]_{ij} = -1$ 表示两个单形没有共享的面. 以图 2.6 中的单纯复形为例, 其连接矩阵如下:

$$
\Pi =
\begin{bmatrix}
4 & 2 & 0 & -1 & -1 & -1 & -1 & 0 \\
2 & 3 & 1 & 0 & -1 & -1 & -1 & 0 \\
0 & 1 & 2 & 1 & 0 & -1 & -1 & -1 \\
-1 & 0 & 1 & 2 & 1 & 0 & 0 & -1 \\
-1 & -1 & 0 & 1 & 2 & 1 & 0 & -1 \\
-1 & -1 & -1 & 0 & 1 & 2 & 1 & -1 \\
-1 & -1 & -1 & 0 & 0 & 1 & 2 & 0 \\
0 & 0 & -1 & -1 & -1 & -1 & 0 & 1
\end{bmatrix}
$$

其中其行和列都与单形 $a \sim h$ 相关.

Q-向量

目前我们已经介绍了单形的维数和两个单形之间通过共享公共面形成的邻接关系, 并将这种邻接关系记录到连接矩阵中. 下面将介绍通过共享面构造单纯复形的更高等级聚集, 并进一步展示它们如何构造单纯复形的内在等级、多等级和多维组织. 单形的任一子单形也是单形这一性质使得单形之间可以实现不同维度的连接以及单形集合之间可以实现不同等级的连接. 如果两个单形共享一个 q 维面, 则我们称它们是 q-相邻的, 如图 2.20 所示, 因此它们也是 $(q-1)$-, $(q-2)$-, $\cdots$, 1- 和 0-相邻的.

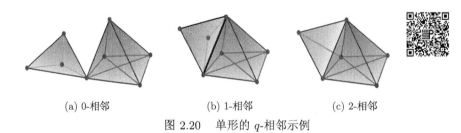

(a) 0-相邻   (b) 1-相邻   (c) 2-相邻

图 2.20 单形的 q-相邻示例

若单形集合中任意两个单形都由一系列连续 q-相邻的单形连接起来, 则这个集合称为 q-连通组件. 更正式地说, 如果有一列单形 $\sigma, \sigma(1), \sigma(2), \cdots, \sigma(n), \rho$, 其中任意两个连续单形都至少共享一个 q-面, 则我们称单形 σ 和 ρ 是 q-连通的[4]. 图 2.21 给出了一个 q-连通性的示例. 注意, 单纯复形 K 中若两个单形 σ_p 和 σ_r 是 q-连通的, 则它们也是 $(q-1)$-, $(q-2)$-, $\cdots$, 1- 和 0-连通的.

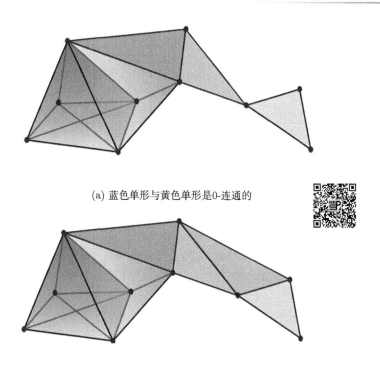

(a) 蓝色单形与黄色单形是0-连通的

(b) 蓝色单形与黄色单形是1-连通的

图 2.21　q-连通性的示例

　　单纯复形 K 中单形间的 q-连通关系满足自反性、对称性和传递性, 因此 q-连通是一个等价关系, 记为 γ, 即 $(\sigma(i), \sigma(j)) \in \gamma_q$ 当且仅当 $\sigma(i)$ 与 $\sigma(j)$ 是 q-连通的.

　　记 K_q 为单纯复形 K 中维数大于等于 q 的单形集合, 即由维数大于等于 q 的单形构建的子复形. 那么, γ_q 就将 K_q 划分为 q-连通单形的等价类, 这些等价类就是商群 K_q/γ_q 的元素, 称作 K 中的 q-连通组件. 每个 q-连通组件中的任意两个单形都是 q-连通的, 但不同的 q-连通组件中的单形之间不是 q-连通的. 我们将商群 K_q/γ_q 的基数记为 Q_q, 即 K 中不同 q-连通组件的数量. 事实上, Q_q 也是 Q-向量[5,23](或第一结构向量[7]) 的第 q 项, Q-向量是一个长度为 $\dim(K) + 1$ 的整数向量, 且其项值通常从最大维的连通组件数开始, 维数逐级递减, 即

$$Q = \left[Q_{\dim(K)}, Q_{\dim(K)-1}, \cdots, Q_1, \ Q_0 \right]$$

图 2.22 给出了图 2.6 中的单纯复形的 Q-连通类及其 Q-向量, 其中 Q-向量:

$$Q = [1, 2, 6, 2, 1]$$

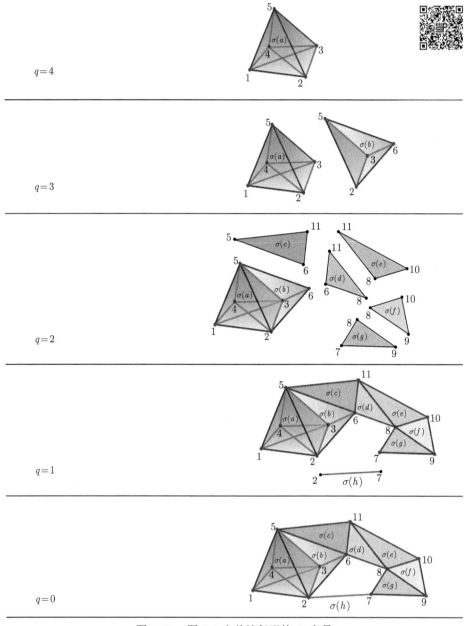

$q=4$

$q=3$

$q=2$

$q=1$

$q=0$

图 2.22 图 2.6 中单纯复形的 Q-向量

金字塔示例　粘接金字塔集合的 Q-向量 (第一结构向量):

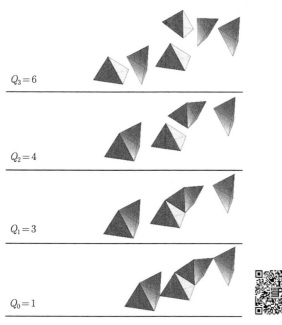

$Q_3 = 6$

$Q_2 = 4$

$Q_1 = 3$

$Q_0 = 1$

第一结构向量与障碍向量有密切的联系[7]. 若 $\boldsymbol{I}$ 是一个长度为 $\dim(K) + 1$ 的单位向量, 即其元素都为 1, 则障碍向量 $\boldsymbol{Q}^*$ 定义为

$$\boldsymbol{Q}^* = \boldsymbol{Q} - \boldsymbol{I}, \ \text{即} \ \boldsymbol{Q}^* = \left[Q_{\dim(K)} - 1, \ Q_{\dim(K)-1} - 1, \ \cdots, \ Q_0 - 1 \right]$$

障碍向量量化了 q 阶结构上的限制或障碍物数量, 换句话说, 它列举了 q 阶结构上的缺口数量. 图 2.6 的例子的障碍向量为

$$\boldsymbol{Q}^* = [0, \ 1, \ 5, \ 1, \ 0]$$

理解第一结构向量和障碍向量的含义是至关重要的. 若我们有一个特殊的透镜可以用来 "看到" 单纯复形的内部结构, 那么通过改变透镜的焦距我们就可以 "看到" 单纯复形内不同等级的子结构. 以图 2.22 为例, 通过改变 "焦距" q 我们就能观察到在不同 q 等级上的单纯复形的连通情况. 因此通俗地说, 第一结构向量就是在一系列焦距不同的透镜下我们观察到的连通组件数; 障碍向量就是在一系列焦距不同的透镜下我们观察到的单纯复形想要实现连通所要跨越的障碍数量.

Atkin 在文献 [5] 中指出 0 阶贝蒂数等于 Q_0, 然而高阶贝蒂数却不等于 Q-向量的高阶项. 因此虽然与同调理论不同, 但 Q-向量是对 2.2.1 节中介绍的 0 阶贝蒂数的推广. 另一方面, 由于 Q 分析法将单纯复形 K 划分为 q 阶结构上的子复形 K_q, 因此我们可以计算每个子复形的同调群, 并进一步了解单纯复形子结构的性质. 虽然目前为止我们没有做过具体计算的例子, 但建议读者选取一个例子具体计算一下, 当作练习. 事实上, 正如 Dowker 的证明[3], 单纯复形及其共轭复形的同调群是同构的, 因此单纯复形与其共轭复形的贝蒂数也是完全相同的.

第二结构向量

第二结构向量 n_q 是长度为 $\dim(K)+1$ 的整数向量[7]. 该向量第 q 项为维数大于或等于 q 的单形个数, 即等于具有 q-连通性的单形个数, 记为

$$\boldsymbol{n} = [n_{\dim(K)}, \ n_{\dim(K)-1}, \ \cdots, \ n_1, \ n_0]$$

因此, 对于图 2.6 的例子, 它的第二结构向量为

$$\boldsymbol{n} = [1, \ 2, \ 7, \ 8, \ 8]$$

第三结构向量

第三结构向量的项定义如下[25]:

$$\bar{Q}_q = 1 - \frac{Q_q}{n_q}$$

其中 Q_q 是第一结构向量中的第 q 项, n_q 是第二结构向量中的第 q 项. 第三结构向量量化了每个 q 层的连通程度, 换句话说, 它量化了每个单形上的 q-连通组件的数量. 第三结构向量中元素的值介于 0 到 1 之间, 因此便于比较在不同 q 等级上连通组件的单形密度. 在图 2.6 的例子中, 第三结构向量的元素值为

$$\bar{Q}_q = [0, \ 0, \ 0.14, \ 0.75, \ 0.88]$$

顶点重要性

一个顶点可以是多个不同单形的组成部分, 我们可以由该顶点所属单形的数量来定义该顶点权值 θ, 则顶点权值就度量了顶点的重要性. 另一方面, 由于单形是由顶点定义的, 我们可以利用顶点的度量引入一个刻画单形特征的度量. 我们将构成单形 $\sigma_q(i)$ 所有顶点的权值相加, 得到 $\Delta(\sigma_q(i))$. 现在我们可以定义单形对其顶点的重要性[24,25], 如下:

$$vs\left(\sigma_q(i)\right) = \frac{\Delta\left(\sigma_q(i)\right)}{\max_k \Delta\left(\sigma_q(i)\right)} \tag{2.6}$$

其中 $\max_k \Delta\left(\sigma_q(i)\right)$ 是 $\Delta\left(\sigma_q(i)\right)$ 的最大值. vs 值越大表明该单形就节点而言越重要. 在图 2.23 中我们标注了每个单形的顶点重要性值, 以便于直观地比较单形之间的区别.

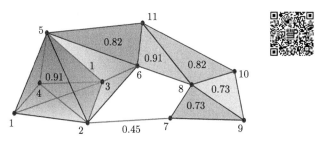

图 2.23 在单纯复形中每个单形顶点重要性的示例,
每个单形上的数值表示其具体顶点重要性

离心率

单纯复形 K 中的单形 σ 由其顶点定义. 若 σ 的所有顶点都是另一个单形 τ 的一部分, 那么单形 σ 整体都属于单形 τ. 因此就某个单纯复形而言, 每个单形都能看作一个维度相同或更高的单形的面. 因此, 单形融入这个单纯复形, 而不是一个个体. 相反地, 如果某个单形不与其他任何单形共享顶点, 我们称它没有融入整体, 而是单纯复形中的一个单独的个体.

我们定义单形 σ 与其他单形共享面的最大维度为 $\check{q}$, 即最大 q-相邻值. 并且, $\check{q}$ 等价于单形 σ 首次与另一单形连接的 q-层的值. 我们定义单形维度为 $\hat{q}$, 则单形 σ 的离心率定义为[25,26]

$$\mathrm{ecc}(\sigma) = \frac{\hat{q} - \check{q}}{\hat{q} + 1} \tag{2.7}$$

由定义可以看出, $\hat{q} + 1$ 是单形的顶点总数, $\hat{q} - \check{q}$ 是单形 σ 不同于其他单形的顶点的最小数目. 因此, $\mathrm{ecc}(\sigma)$ 量化了单形 σ 的个性或区别, 显示了单形 σ 在整个单纯复形中的整合程度. 离心率 $\mathrm{ecc} = 0$ 的单形整体完全嵌入在结构中, 即该单形是另一个单形的面. 离心率 $\mathrm{ecc} = 1$ 的单形不与任何其他单形共享顶点 (面). 对于图 2.24 中单纯复形示例, 我们标出单形的离心率值, 以便直观地比较它们的离心率.

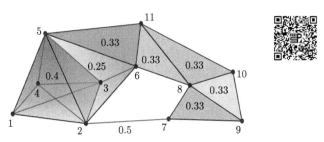

图 2.24 一个单纯复形中单形离心率的示例, 每个单形上的数字是其离心率数值

需要指出的是, 公式 (2.7) 并不是离心率的唯一定义[24,26]. 离心率有许多不

同的定义方式, 但都是衡量同样的性质且都有各自的缺点, 取值范围也不尽相同. 在 (2.7) 中离心率定义的范围是 $[0,1]$, 因此从实际使用考虑我们通常首选该定义.

单形结构复杂度

显然, 单纯复形可以作为复杂系统的建模工具, 因此, 根据单纯复形的性质来量化系统的复杂度是很方便的. 在引言中, 我们已经介绍了许多度量复杂性的指标. 然而, 考虑到单形应用的完整性和量化复杂度的必要性, 我们将介绍单形结构复杂度 Ψ 的定义[27].

我们已经知道第一结构向量记录了单纯复形内部结构性质. 因此, Casti 给出了一个基于结构向量的指标来区分和比较不同的单纯复形, 即单纯复形 K 的单形结构复杂度 [27]:

$$\Psi(K) = \frac{2}{(D+1)(D+2)} \sum_{i=0}^{D} (i+1)Q_i$$

其中 D 是单纯复形 K 的维度, Q_i 是 Q-向量的第 i 项. 为了引入单形结构复杂度, Casti 使用了三个公理: ①由单个单形构造的系统的复杂度为 1; ②子复形的复杂度不大于整个单纯复形的复杂度; ③单纯复形的复杂度不大于其子复形的复杂度之和[27]. 这里我们不讨论这个复杂性度量是否是个好选择, 因为正如我们将在 4.1.3 节中介绍的, 该指标在实际应用中还是非常有用的.

顺便提醒一下, 有时计算单纯复形和共轭复形的复杂度之后, 我们可能会发现二者不一定相等. 在图 2.6 的例子中, 这二者的复杂度是相同的, 且 $\Psi = 2.4$.

注记

随着复杂度的定义的给出, 我们完成了 Q 分析概念的介绍. 然而, 有必要强调的是, 即使介绍了这么多的内容和概念, 但 Q 分析作为代数拓扑数据分析工具还未发挥其全部的潜力. 建议感兴趣的读者可以参考 Atkin[5]、Johnson[28] 和 Gould[26] 等的著作.

2.3 总 结

本章我们只是简略地介绍了基于单纯复形的代数拓扑内容, 而没有涵盖代数拓扑领域中其他有趣和重要的主题. 即便如此, 我们仍希望给读者一个知识轮廓来将本章的内容作为开展研究的一个起点. 其他领域感兴趣的读者可以将本章内容作为学习补充知识的基础. 同时在介绍代数拓扑知识的时候, 我们也适当讨论了其计算实现, 以强调相关概念方法的应用价值.

那么, 到目前为止我们学到了哪些内容? 单纯复形有三种不同的定义方式 (几何的、组合的、关系的), 但三种不同的定义仍然有相似之处, 即三种定义是等价的. 当然, 我们可以根据需要解决的问题考虑特定的定义方式, 再从一个定义转换到另一个定义. 构建单纯复形只是研究的一部分, 我们需要一些工具和方法来分析它. 因此, 我们介绍了 Q 分析以及 Q 分析中许多直观而实用的度量指标. 尽管以 Q 分析为工具的研究已经得到了许多有价值的成果, 但我们相信这一研究领域仍有巨大的发展潜力. 然而, 从本章简略的介绍中仍可以发现, 不同于 Q 分析, 目前关于同调性的研究格外丰富. 我们介绍了与同调相关的基本概念, 如边界算子、链群、循环群、边界群、同调群和贝蒂数. 基于这些概念, 我们进一步介绍了持续同调和组合拉普拉斯算子的概念. 在整章中始终贯穿着一个单纯复形示例, 每当提出新的概念指标时, 我们都会计算对应的概念指标在这个示例的数值. 从而帮助读者更好地理解相关概念, 同时这也间接表明了以上分析方法对于具体单纯复形的多种用途, 也方便感兴趣的读者重新计算作为巩固练习.

为了强调代数拓扑概念的所有重要特征, 以上例子中我们研究了人工构造的单纯复形, 而且以普遍一般的方式来介绍这些概念、特征, 而不是针对某个具体的实际应用来分析. 因此, 下一步我们将把这些抽象的定义与现实世界的现象联系起来. 这也将引导我们进入下一章的内容, 介绍对不同的数据构建其单纯复形的方法. 即使到目前为止, 从本章的论述中, 我们仍可以看到一些可能应用的线索. 然而, 从真实数据构建单纯复形的过程和准则通常并不简单, 它受到研究问题的具体影响. 因此, 如何构建单纯复形将是下一章的重点.

本 章 习 题

1. 单形的三个基本定义分别是什么? 如何用它们定义相同的对象?
2. 定义单纯复形中的链群.
3. 边界算子作用的结果是什么?
4. 循环群由哪些链构成, 边界群又由哪些链构成?
5. 定义 q 维同调群.
6. 本章提到的拓扑不变量有哪些?
7. 什么时候需要用到持续同调的方法?
8. 在持续条码中水平线的起点和终点分别代表什么含义?
9. 两个单形的上、下邻接分别是什么?
10. 单形复形的同调群与其组合拉普拉斯谱之间有什么关系?
11. 关联矩阵中包含了单形的哪些信息, 连接矩阵中包含了单形的哪些信息?
12. Q-向量、第二结构向量和第三结构向量分别记录了什么信息?

推荐练习

1. 从你身边找一个实例, 定义其单形集合、顶点集合以及它们之间的关系, 从而构建一个单纯复形. 画出该单纯复形的几何表示, 并列出其代数表示.

2. 如图 2.7 中的单纯复形, 写出其中 2-单形 (即三角形) 的显式表达, 并计算其链群的维数.

3. 练习题 2 中的 2 维链群中的元素是 3 个 2-单形组成的链, 将边界算子作用在这些链上得到什么? (提示: 注意单形的方向.)

4. 以练习题 3 为例证明 $\partial_{q-1}\partial_q = \varnothing$.

5. 任意标记图 2.11(a) 中的顶点, 写下图中单纯复形嵌套序列的 1 维同调群映射链, 并写出其对应的单纯复形 1 维同调群生成元链.

6. 绘制图 2.11(a) 中三次过滤的单纯复形条码.

7. 绘制一个简单的例子来说明单形之间的上、下邻接关系.

8. 证明单纯复形组合拉普拉斯谱与单纯复形的方向选取无关.

9. 通过简单计算证明图拉普拉斯算子与 0 维组合拉普拉斯算子是相同的.

10. 计算 q-单形中 k-面的个数.

11. 列出你的 5 到 10 个朋友, 再列出他们 10 到 15 个不同的兴趣爱好. 然后根据这些数据关系写出关联矩阵和连接矩阵, 并画出其对应的单纯复形.

12. 根据练习题 11 得到的连接矩阵, 计算其 Q-向量、第二结构向量和第三结构向量.

13. 根据练习题 11 中的单纯复形, 思考你的哪一位朋友离中心最远, 你周边的哪一位朋友占据最重要的位置? 这和你实际感受是否相符呢?

参 考 文 献

[1] MUNKRES J R. Elements of Algebraic Topology[M]. California: Addison-Wesley Publishing, 1984

[2] KOZLOV D. Combinatorial Algebraic Topology[M]. Heidelberg: Springer-Verlag, 2008

[3] DOWKER C H. Homology groups of relations[J]. Annals of Mathematics, 1952, 56: 84

[4] ATKIN R H. From cohomology in physics to q-connectivity in social science[J]. Int. J. Man-Machine Studies, 1972, 4: 341

[5] ATKIN R H. Combinatorial Connectivities in Social Systems[M]. Stuttgart: Birkhäuser Verlag, 1977

[6] ATKIN R H. Mathematical Structure in Human Affairs[M]. London: Heinemann, 1974

[7] JOHNSON J H. Some structures and notation of Q-analysis[J]. Environment and Planning B, 1981, 8: 73

[8] GHRIST R. Barcodes: The persistent topology of data[J]. Bull. Amer. Math. Soc. (N.S.), 2008, 45(1): 61

[9] CARLSSON G. Topology and data[J]. Bulletin of the American Mathematical Society, 2009, 46: 255

[10] EDELSBRUNNER H, HARER J L. Computational Topology: An Introduction[M]. Providence: American Mathematical Society, 2009

[11] EDELSBRUNNER H, HARER J L. Persistent homology—a survey[J]. Surveys on Discrete and Computational Geometry, 2008, 453: 257

[12] EDELSBRUNNER H, LETSCHER D, ZOMORODIAN A. Topological persistence and simplification[J]. Discrete and Computational Geometry., 2002, 28: 511

[13] ZOMORODIAN A, CARLSSON G. Computing persistent homology[J]. Discrete and Computational Geometry, 2005, 33(2): 249

[14] GOLDBERG T E. Combinatorial Laplacians of Simplicial Complexes[M]. New York: Annandale-on-Hudson, 2002

[15] DUVAL A M, REINER V. Shifted simplicial complexes are Laplacian integral[J]. Transactions of the American Mathematical Society, 2002, 354(11): 4313

[16] MALETIĆ S, HORAK D, RAJKOVIĆ M. Cooperation, conflict and higher-order structures of social networks[J]. Advances in Complex Systems, 2012, 15: 1250055

[17] NEWMAN M E J. Networks: An Introduction[M]. Oxford: Oxford University Press, 2010

[18] MOHAR B. The Laplacian spectrum of graphs[J]. Graph Theory, Combinatorics, and Applications, 1991, 2: 871

[19] HODGE W V D. The Theory and Applications of Harmonic Integrals[M]. Cambridge: Cambridge University Press, 1952

[20] FRIEDMAN J. Computing Betti numbers via combinatorial Laplacians[C]. Proc. 28th Annual ACM Symposium, Theory and Computations, 1996: 386

[21] CHUNG F R K. Spectral Graph Theory[M]. Providence: American Mathematical Society, 1996

[22] BANERJEE A, JOST J. Graph spectra as a systematic tool in computational biology[J]. Discrete Applied Mathematics, 2009, 157: 2425

[23] MALETIĆ S, RAJKOVIĆ M. Combinatorial Laplacian and entropy of simplicial complexes associated with complex networks[J]. Eur. Phys. J. Special Topics, 2012, 212: 77

[24] DEGTIAREV K Y. Systems analysis: Mathematical modeling and approach to structural complexity measure using polyhedral dynamics approach[J]. Complexity International, 2000, 7: 1

[25] MALETIĆ S, RAJKOVIĆ M, VASILJEVIĆ D. Simplicial complexes of networks and their statistical properties[J]. Lecture Notes in Computational Science, 2008, 5102(II):

568

[26]　GOULD P, JOHNSON J, CHAPMAN G. The Structure of Television[M]. London: Pion Limited, 1984

[27]　CASTI J L. Alternate Realities: Mathematical Models of Nature and Man[M]. New York: John Wiley & Sons, 1989

[28]　JOHNSON J H. Hypernetworks in the Science of Complex Systems[M]. London: Imperial College Press, 2013

第 ③ 章

构造单纯复形

第 2 章我们致力于介绍单纯复形作为一个数学对象的概念性质等, 同时也强调了单纯复形对于研究现实世界现象有广泛的适用性. 本章我们将建立抽象数学概念与现实应用之间的桥梁. 正如分析单纯复形方法的多样性, 我们可以预见单纯复形和代数拓扑的应用也是多种多样的. 虽然这里不能完整地列出所有可能的应用, 但我们尽可能选择有代表性的单纯复形方法以覆盖尽可能广泛的应用范围, 并启发新的研究思路.

在本章中, 我们只关注如何构建不同数据集的单纯复形, 而将单纯复形的代数拓扑量的计算留给接下来的章节. 正如在绪论中所强调的, 复杂网络无处不在, 这促使研究者不断发展新方法和工具以理解它们的介观结构所带来的性质. 已有研究表明单纯复形便于描述系统的介观结构[1-3]. 因此, 本章首先介绍由图 (即复杂网络) 构建单纯复形的几种不同的方法, 之后介绍在度量空间由嵌入的数据集来构建单纯复形的方法. 最后, 介绍由时间序列构建单纯复形的方法. 需要注意, 这几节的阅读顺序不是任意的, 因为前一节定义的方法可能会在下一节中用到.

3.1 提取复杂网络的拓扑结构

复杂网络是由元素及其相互作用构成的系统, 其最方便的表示方式是图. 图是由连边 (也称为边) 连接 N 个顶点 (也称为节点) 的集合[4,5]. 如果指定了连边的方向, 则称图是有向的, 而如果没有指定连边的方向, 则称图是无向的. 因此, 所有图要么是有向图 (图 3.1(a)), 要么是无向图 (图 3.1(b)). 换句话说, 无向连边是双向的, 因为它们两个方向都能通行. 因此, 若用两个相反方向的有向连边取代无向图中无向连边, 则无向图可以看作有向图. 观察图 3.1, 我们注意到连边定义了一个节点的邻居, 且邻居的数量是节点的重要特征, 即节点的度是该节点的基本属性, 它度量节点的邻居数量. 例如图 3.1 (b) 中, 节点 1 与节点 2,3,4 相连接, 因此我们称节点 1 的度等于 3, 同样地, 我们可以观察到其他节点的邻居节点, 节点 2, 3, 4, 5 的度分别为 4, 2, 2, 1. 另一个与之相关量是度分布 $P(k)$, 表示随机选择一个节点其度为 k 的概率.

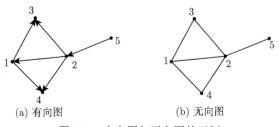

(a) 有向图　　　　　　(b) 无向图

图 3.1　有向图与无向图的示例

有向图的单纯复形

在图 3.2(a) 所示的例子中, 若想象液体在节点间沿着连边流动, 那么有一些节点是发源点, 有一些节点是汇聚点, 还有一些节点既是发源点也是汇聚点. 例如, 节点 1, 2, 5 是发源点, 节点 1, 2, 3, 4 是汇聚点, 其中节点 1 和 2 既是发源点也是汇聚点. 由此我们可以构造两类集合: 外集合 X 只包含发源节点, 内集合 Y 只包含汇聚节点. 由于有些节点二者皆是, 所以集合 X, Y 可能存在重叠. 如果我们使用单纯复形的关系定义, 那么从有向图构建单纯复形的任务已经完成了一半, 剩下只需要定义二元关系了. 这个任务相对简单, 因为节点之间的成对连接自然就产生了二元关系. 因此, 我们可以定义有向图的两个集合 X, Y 之间的关系为集合 X 中的元素 x 与集合 Y 中的元素 y 之间存在一条连边, 其中 x 是发源点, y 是汇聚点, 那么 x, y 是相关联的. 以这种方式我们定义了集合 X, Y 之间的二元关系, 若将原始图中的汇聚节点看作单纯复形的顶点, 发源节点看作单形, 那么可以由有向图构建一个单纯复形[6]. 当然, 细心的读者可能会注意到, 通过对调发源节点和汇聚节点的角色, 我们可以构建该单纯复形的共轭复形, 即共轭单形的顶点对应着发源节点, 而单形对应着汇聚节点. 以图 3.2(a) 中的有向图为例, 集合 X 的元素为 1, 2, 5, 集合 Y 的元素为 1, 2, 3, 4, 因此图 3.2(b) 中的单形为

$$\sigma_1(1) = \langle 3, 4 \rangle$$

$$\sigma_2(2) = \langle 1, 3, 4 \rangle$$

$$\sigma_0(5) = \langle 2 \rangle$$

其中 σ 的下标是指该单形的维数. 这些单形及其面共同组成了一个 2 维单纯复形. 注意, 虽然集合 X, Y 有重叠的部分, 但由单纯复形的定义可知, 集合 X, Y 中元素的角色是不同的, 元素 $x \in X$ 为单形, 元素 $y \in Y$ 为顶点. 作为练习, 我们建议读者画出相关的几何表示, 并写出共轭复形的各个单形.

　　即使从这个简单的例子, 我们也可以发现通过单个图构建两个单纯复形能够获取图元素之间的关系信息, 这比从图的点对关系中获取的信息更丰富. 等我们介绍完其他由图 (即复杂网络) 构建单纯复形的方法后, 单纯复形的优势将更加清晰.

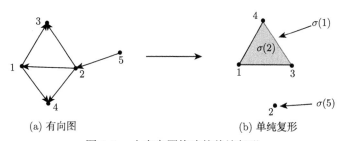

(a) 有向图　　　　　　　　　　(b) 单纯复形

图 3.2　　由有向图构建的单纯复形

集团复形

　　我们从图 3.1(b) 的示例中注意到有一些节点组, 其中每个节点都与其他节点相连. 我们称这种节点群为集团, 类似于高度连接的社会群体, 常用于社会网络分析. 类似地, 我们可能会想是否有一种方式可以捕捉由节点组成的不同集团之间的关系. 反过来, 我们也想知道是否有方法可以捕捉隶属于各自集团的不同节点之间的关系. 之前的论述已经给了我们一些提示: 构建两个集合, 一个包含所有极大集团的 X, 另一个包含所有顶点的 Y. 注意, 由于单纯复形在形成子集时是封闭的, 所以取所有集团还是取极大集团是无关紧要的, 但后者在计算上更方便. 由于集团是由顶点构成的, 因此可以自然地构建集合 X, Y 之间的二元关系, 若集合 Y 中的顶点 y 属于集合 X 中的集团 x, 那么 x, y 是相关联的. 这样我们就具备了构建单纯复形所需的所有要素. 也就是说, 将初始图的节点作为单纯复形的顶点, 初始图的极大集团作为单形就构建了对应着初始图的集团复形[7,8]. 下面将集团与节点的角色调换, 即集团对应于单纯复形的顶点, 而初始图的节点对应于单形, 又构成一个单纯复形, 称之为共轭集团复形. 共轭集团复形的意义直观明了: 也就是我们想提取属于不同集团的节点之间的关系信息. 相比于上面有向图的示例, 由网络构建单纯复形的优势更为明显.

　　最后, 让我们通过一个例子来说明上述定义. 从图 3.3(a) 的单纯复形, 我们可以发现有三个极大集团 (即不属于其他集团的集团): $\{1, 2, 3\}$, $\{1, 2, 4\}$ 和 $\{2, 5\}$, 并记为集团 a, b 和 c. 图 3.3(b) 中我们用不同颜色来表示这三个极大集团. 因此, 集合 $\{a, b, c\}$ 是集团集, 它与顶点集 $Y = \{1, 2, 3, 4, 5\}$ 共同构建了一个包含以下单形的 2 维单纯复形:

$$\sigma_2(a) = \langle 1, 2, 3 \rangle$$
$$\sigma_2(b) = \langle 1, 2, 4 \rangle$$

$$\sigma_1(c) = \langle 2, 5 \rangle$$

其中 σ 的下标表示该单形的维数. 作为一个简单的练习, 我们建议读者画出这些单形的几何表示, 并写出图 3.3(a) 的共轭复形的各个单形. 共轭集团复形拓扑量计算结果的解释将会比集团复形拓扑量的计算更有趣、更重要. 具体来说, 共轭集团复形中的顶点是原始图 G 中的集团, 单形则是图 G 中的节点, 原始图 G 中的某个节点同时是几个不同集团的成员, 那么在共轭集团复形中单形 (即原始图中的节点) 就刻画了顶点 (即原始图中不同的集团) 之间的关系. 因此, 在共轭集团复形中, 单形的维度可以反映原始图中节点的重要性, 同时可以反映集团之间的紧密程度.

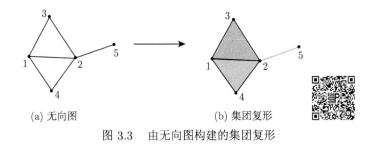

(a) 无向图　　　　(b) 集团复形

图 3.3　由无向图构建的集团复形

金字塔示例　由集团结构可以直接构建一个集团复形金字塔:

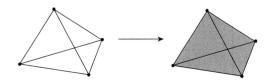

邻域复形

我们注意到, 发源点集和汇聚点集在有向图中可能存在重叠, 而在无向图中每个点都既是发源点也是汇聚点, 因此两个集合是相同的. 那么, 对于无向图 G, 我们也可以类似地由发源点集和汇聚点集构造另一种单纯复形, 即邻域复形, 其节点集与图 G 相同, 其单形 $\sigma(i)$ 是由图 G 中与节点 i 连接的所有点构成的单形 [1,9-11]. 换句话说, 邻域复形的单形也就对应图 G 中那些具有一个共同邻居的顶点集的子集. 虽然这个定义读起来有点晦涩, 但事实上它只是将从有向图构建单纯复形的方法推广到无向图上. 当然, 因为邻域复形本身就建立在一个集合上, 所以邻域复形与其共轭复形是相同的. 以图 3.4 为例, 图中节点 1,2,3,4,5 都有一组相连的邻居, 即 $\{2,3,4\}$, $\{1,3,4,5\}$, $\{1,2\}$, $\{1,2\}$, $\{2\}$, 它们分别对应单形

$\sigma_2(1)$, $\sigma_3(2)$, $\sigma_1(3)$, $\sigma_1(4)$, $\sigma_0(5)$. 图 3.4(b) 给出了邻域复形的几何表示, 其中我们用不同颜色来表示不同的单形. 注意, 单形 $\sigma_1(3)$ 和 $\sigma_1(4)$ 是重叠的. 如果两个单形对应的节点在图 G 上有 $q+1$ 个公共顶点, 那么很容易确定它们是 q-相邻的. 我们建议读者寻找邻域复形和初始网络之间的其他相似之处, 例如, 确定单形维数与其在图中对应节点的度之间的关系. 在图 3.4 中, 我们用相对应的彩色表示 (a) 图中节点与其在 (b) 图邻域复形中对应的单形.

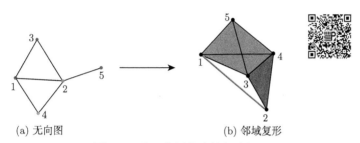

图 3.4　由无向图构建的邻域复形

乍一看对于实际的应用, 似乎没必要建立邻域复形, 因为我们将一个简单的情况变得复杂. 然而, 对这种单纯复形结构的分析可能会揭示复杂网络节点之间关系隐藏的信息, 所以建立邻域复形是有必要的.

金字塔示例　由中心节点的邻居所构建的邻域复形金字塔:

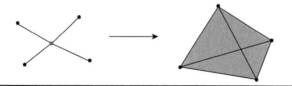

独立复形

复杂网络中节点之间的连边承载着两个节点之间的关系信息, 而每个节点与其相连的节点集合就承载着边的聚集信息. 由此我们就通过潜在的复杂网络构建了集团复形及其共轭复形. 然而, 节点之间不存在连边也可能是有某种意义的. 换句话说, 在一些特定的现实复杂网络中, 了解节点之间缺失的关系可能是非常重要的. 因此, 对于图 G 我们可以先建立 G 的补图, 即如果两个节点在图 G 中不连接, 那么在其补图中它们是连接的; 反之亦然, 两个节点在补图中不连接, 则它们在图 G 中是连接的. 通过寻找补图的所有极大集团 (称为独立集, 或反集), 我们也就构建了所谓的独立复形[7]. 为了建立独立复形与原始网络 G 之间的联系, 我们强调独立复形的顶点就是图 G 的节点, 而单形是 G 的补图的极大集团及其所有子集团. 图 3.5 说明了从任意图 (图 (a)) 出发构造独立复形的过程. 首先在图 (b) 中, 我们建立图 (a) 的补图, 它们有相同的节点集, 但图 (b) 有新的连边集 $\{(1,5),(3,4),(3,5),(4,5)\}$, 且节点 2 是孤立的. 我们找到图 (b) 的所有极大集团为 $\{1,5\}, \{2\}, \{3,4,5\}$, 分别记为 a, b, c, 由此可以构建图 (c) 所示的独立复形

$$\sigma_1(a) = \langle 1, 5 \rangle$$
$$\sigma_0(b) = \langle 2 \rangle$$
$$\sigma_2(c) = \langle 3, 4, 5 \rangle$$

其中 σ 的下标表示单形的维数. 就像从有向图或集团构造单纯复形的例子一样, 我们把计算独立复形的共轭复形留给读者作为练习, 写出共轭复形的各个单形. 在图 3.5(c) 中, 我们用不同的颜色表示极大集团, 即补图的各个单形.

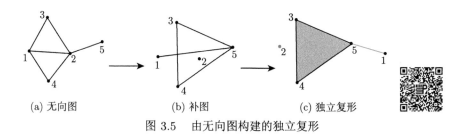

(a) 无向图　　　　　(b) 补图　　　　　(c) 独立复形

图 3.5　由无向图构建的独立复形

金字塔示例　由四个孤立节点构建的独立复形金字塔:

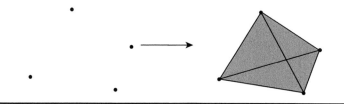

匹配复形

到目前为止, 我们已经看到处理单纯复形可能会比较复杂, 但归根结底其背后的直觉却是相对简单的. 现在让我们关注连边, 它通常被标记为一对有序或无序的节点. 因此, 我们将采用如下方式将图转换, 从而便捷地察看连边之间的关系. 首先, 我们构建一个连边图, 其节点刚好对应图的连边, 若图中两个连边共享一个节点, 则在连边图中的这两个节点相连接, 反之不连接. 那么, 我们称连边图的独立复形为匹配复形[12]. 换句话说, 匹配复形的顶点对应着图 G 的连边, 单形

则对应着图 G 中任意两条连边都没有公共顶点的连边集合. 独立复形是复杂网络补图的集团复形, 因此独立复形反映了节点之间缺失关系的拓扑结构, 进而匹配复形就反映了图 G 连边之间缺失关系的拓扑结构, 即匹配复形是 G 连边图的补图的集团复形. 图 3.6 可以清楚说明这些看似混乱的定义. 如图 3.6(a) 所示, 首先, 我们记所有边 $(1,3)$, $(2,3)$, $(1,2)$, $(1,4)$, $(2,4)$, $(2,5)$ 分别为 a, b, c, d, e, f. 然后, 由节点 $\{a, b, c, d, e, f\}$, 连边 (a, b), (a, c), (a, d), (b, c), (b, e), (b, f), (c, d), (c, e), (c, f), (d, e), (e, f) 建立连边图, 如图 3.6 (b) 所示. 接下来, 由相同的顶点, 连边为 (a, e), (a, f), (b, d), (d, f) 和孤立的顶点 c 构建了连边图的补图. 最后, 我们找到该图的所有极大集团, 从而建立起一个 1 维匹配复形, 如图 3.6(c) 所示, 其中我们用彩色线段表示各个单形.

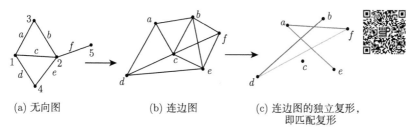

(a) 无向图   (b) 连边图   (c) 连边图的独立复形,
                                      即匹配复形

图 3.6   由无向图构建的匹配复形

注记

虽然我们没有列出所有的构建复杂网络单纯复形的方法, 但从这一章介绍也足以看出构建单纯复形方法的丰富性. 然而, 我们需要强调一些要点. 首先, 正如上面的示例所展示的那样, 由同一个图我们可以构建出不同的单纯复形. 这意味着我们可以从单个图中构建集团复形、邻域复形、独立复形和匹配复形. 而这些单纯复形都可以用代数拓扑中同样的方法进行分析. 例如, 我们可以对构建的单纯复形进行 Q 分析或同调性分析以及组合拉普拉斯算子的计算, 从而从不同的角度获得关于图的丰富性质信息, 而这些往往是从图论分析中得不到的. 其次, 由复杂网络元素构建的单形以及由 q-连通类划分的单形集合可以用来检验现实复杂网络的介观结构, 即社团[4]. 文献 [3] 中特别介绍了 q 维单形社团, 即在 q 阶维度上的单形的聚集结构. 由于复杂网络有不同的单纯复形构建形式, 相应地也就会产生不同的单形社团.

3.2 由度量空间构建单纯复形

当由图构建单纯复形时, 我们不考虑节点之间的距离, 只关心节点之间是否存在某种关系. 例如, 构建两个网页之间的关系时我们只考虑它们之间是否由超

链接连接, 而不关心它们的主机服务器之间的物理距离; 或者对参加会议的一组
人进行建模时, 因为他们在同一个房间开会或者进行在线会议, 所以每个人之间
坐得有多远并不重要. 但是另一方面, 对于传感器系统或手机信号塔, 两个元素
(传感器或信号塔) 之间的连接关系依赖于它们覆盖范围是否重叠, 在这种情况下
元素 (即顶点或节点) 之间物理距离就变得至关重要了. 对于这样的系统或数据
集, 其中元素与欧氏度量空间中的坐标有关, 因此我们称这些数据是几何型的. 欧
氏度量空间意味着元素是一组定义了欧氏距离的点, 回想一下, 在三维空间中两
点 $p_1 = (x_1, y_1, z_1)$ 和 $p_2 = (x_2, y_2, z_2)$ 之间的欧氏距离定义为

$$d(p_1, p_2) = \sqrt{(x_1 - x_2)^2 + (y_1 - y_2)^2 + (z_1 - z_2)^2}$$

因此, 如果有一个具有上述属性的数据点集合, 我们可能对重建该集合数据点之
间基于几何距离的全局关系结构感兴趣. 换句话说, 我们希望根据数据点之间的
距离重建数据集的形状, 然后使用同调性和 Q 分析来评估数据集的定性属性. 假
设我们有分布在二维欧氏空间中的数据点, 如图 3.7 所示, 我们感兴趣的是从数据
集中可以构建什么样的单纯复形. 就像从图中构建单纯复形一样, 构建这类数据
集的单纯复形也会带来新的分析视角和结果. 如我们后面看到的, 从数据集构建
单纯复形的一些方法可能与从图构建单纯复形的一些方法有关. 当然, 与上一节
一样, 这里也没法穷尽所有可能的构建方法, 而是试图涵盖最常用的方法.

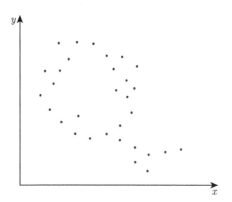

图 3.7　在二维欧氏空间中数据点分布示例

在我们讨论从数据点构建不同的单纯复形之前, 我们先给出一个简短的直观
判断. 假设在某一空间中有一组开球 $S = \{S_1, S_2, \cdots, S_N\}$ 使得球的集合及其相
交部分是可收缩的, 其并集 $\cup S_i$ 为我们感兴趣的空间. 在集合 S 中任意选取 $q+1$
个开球 $S_{i0}, S_{i1}, \cdots, S_{iq}$, 若交集 $S_{i0} \cap S_{i1} \cap \cdots \cap S_{iq} \neq \varnothing$, 则这 $q+1$ 个开球的
球心构建了一个 q-单形. 由上述方法我们就可以构建这组开球的一个抽象单纯复
形 $N(S)$. 这种方法源于拓扑学, 称为神经覆盖[13]. 直观地说, 球的集合覆盖了潜

在的兴趣空间. 为了将球的集合与所建立的单纯复形联系起来, 神经引理指出单纯复形 $N(S)$ 与 $\cup S_i$ 具有相同的同伦型[14]. 虽然这里我们没有定义同伦的概念, 因为它超出了本书的范围, 但读者需要了解当两个拓扑空间具有相同的同伦类型时, 它们也就具有相同的同调性. 也即, 我们可以通过计算构建的单纯复形的拓扑性质来描述原始数据集的拓扑性质. 关于同伦的全面介绍以及神经引理可以查阅相关文献, 如 [13, 14].

Čech 复形 (切赫复形)

如果我们有一组嵌入在度量空间 X 中的数据点 V 和参数 $r \in \mathbb{R}$, 可以将数据点作为半径为 r 的球 $B(v_i, r)$ 的球心, 即对任意 $v_i \in V$, 有

$$B(v_i, r) = \{x \in X | d(v_i, x) < r\}$$

当两个球相交时, 在两个球心 (数据点) 之间引入一条边 (即 1-单形); 当三个球有非空的交时, 以三个球心为顶点构建一个三角形 (即 2-单形), 以此类推. 类似地, 按照同样的推理和构造方法我们可以构建高维单纯复形, 称为 Čech 复形, 其顶点集就是数据点集[7]. 构造 Čech 复形与神经覆盖有关且满足神经引理, 从而以这种方式还原数据点所构建的空间形状. 细心的读者可能已经注意到, 小球半径选择的任意性可能不能保证重构数据的形状一定准确, 因此需要一些额外的步骤来处理这个问题. 实际上我们可以根据持续同调方法调整半径参数进行过滤, 以确定数据形状. 通过这种方式, 我们对一组递增的半径值 $r_1 < r_2 < r_3 < \cdots$ 分别构建了一系列嵌套的 Čech 复形[15]. 我们暂且先不介绍 Čech 复形的持续同调性, 在第 4 章介绍它的应用时再介绍它.

为了定义 Čech 复形, 我们以图 3.7 中的二维数据集为例, 以每个点为圆心画一个半径为 r 的圆 (图 3.8(a)). 在图 3.8(b) 中, 我们省略圆圈, 从圆圈的重叠关

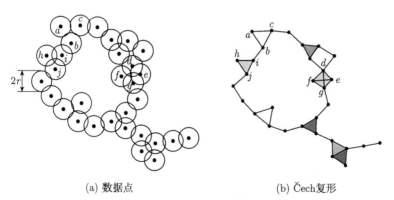

(a) 数据点   (b) Čech复形

图 3.8 由数据点构建的 Čech 复形

系绘制出对应的 Čech 复形, 并用深浅不同的灰色阴影表示高维单形. 若关注某些特定子集, 我们就会发现解释数据的形状是很容易的. 例如, 点子集 $\{a, b, c\}$ 的圆只有两两相互重叠但不完全重叠, 因此它们构建了一个 1 维洞, 而点子集 $\{h, i, j\}$ 的三个圆有一个共同的交集, 所以它们构建一个三角形, 即 2 维单形. 构成 3 维单形的四个点 $\{d, e, f, g\}$ 也是如此. 随着半径的进一步扩大, 1 维洞可能会被填满, 只有中央的大洞会保存下来, 因此该数据集将有一个圆的形状.

金字塔示例 由 Čech 复形规则构建的金字塔:

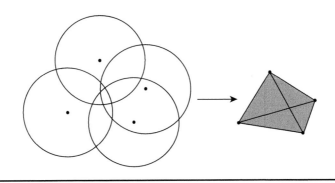

Vietoris-Rips 复形 (维托里斯-里普斯复形)

我们还可以由数据点为中心的球的交点构建 Vietoris-Rips 复形, 它类似于 Čech 复形的构建过程但使用的构造准则不同. 具体而言, 我们只计算球之间成对的重叠, 然后通过成对关系来构建单形, 而不是寻找 3 个、4 个或更多个球的共同交集来构建高维单形. 当两个球相交时, 我们用一条边将位于两个球中心的数据点连接起来. 由此就产生了一个 1 维单纯复形, 再根据该 1 维单纯复形构建集团复形就得到了所谓的 Vietoris-Rips 复形[7]. 原则上, Vietoris-Rips 复形与 Čech 复形不同, 它不满足神经引理的条件. 但当选择合适的半径时 (半径的选取与 Čech 半径有关) Vietoris-Rips 复形也可以满足神经引理的条件. 在某种意义上, Vietoris-Rips 复形可以理解为集团复形的一种特殊情况, 即当图是由不大于 $2r$ 的边构成时, 这两种单纯复形是类似的. 与 Čech 复形的情况一样, 构建 Vietoris-Rips 复形的过程中我们很难找到正确的 r 值, 因此我们需要通过调整参数 r, 例如 $r_1 < r_2 < r_3 < \cdots$, 并应用持续同调方法过滤来接近数据本身的形状.

在图 3.8 中我们由一组数据点集构造了其 Čech 复形, 现在对同一组数据点构造其 Vietoris-Rips 复形, 如图 3.9 所示, 其中高维复形由深浅不同的灰色阴影表示. 比较图 3.8(b) 与图 3.9(b), 我们可以注意到高维单形的数量有显著差异, 例如, 在 Čech 复形中点子集 $\{a, b, c\}$ 形成一个洞, 而在 Vietoris-Rips 复形中它们构建了一个 2 维单形. 通过观察图 3.9, 我们也可以看到在 Vietoris-Rips 复形中出现了一个 2 维单形. Čech 复形中的其他高维单形也出现在 Vietoris-Rips 复形中, 因为在 Vietoris-Rips 复形中构建一个集团的 6 条边 (即 1 维单形) 是 Čech 复形中 3-单形的 6 个 1 维面. 注意, 图 3.8(b) 和图 3.9(b) 中圆的半径是相同的, 若适当选择半径, 则构建的 Vietoris-Rips 复形与 Čech 复形的结构可能相同, 即可以满足神经引理[16].

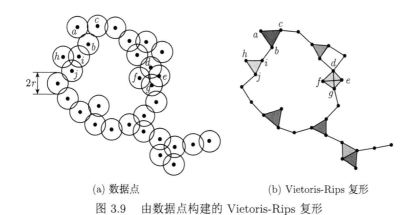

(a) 数据点   (b) Vietoris-Rips 复形

图 3.9   由数据点构建的 Vietoris-Rips 复形

金字塔示例   由 Vietoris-Rips 复形规则构建的金字塔:

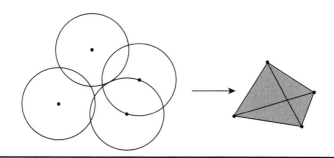

见证复形

    当我们处理大型数据集时, 计算其 Vietoris-Rips 复形和 Čech 复形可能不切实际, 因为它们需要近乎苛刻的计算能力. 为克服这一障碍, 我们可以将问题转化为一个数据点较少但仍保持原始数据集形状的子数据集来构建单纯复形. 在欧氏空间中如果有一组巨大的数据点集 X, 那么我们可以在 X 中选取一组较少的数据点集 $L \subseteq X$, 称为标记点. 点集 L 与 $X \backslash L$ 共同称为见证者. 我们可以用以下方式在点集 $X \backslash L$ 上, 而不是 X 上构建单纯复形. 若对于任意的 $l \in \{l_0, l_1, \cdots, l_q\}$

和 $k \in L \backslash \{l_0, l_1, \cdots, l_q\}$ 有 $d(l, x) \leqslant d(k, x)$, 那么 q-单形 $\sigma_q = \langle l_0, l_1, \cdots, l_q \rangle$ 是由 $x \in X \backslash L$ 弱见证的. 换句话说, 当且仅当有一点 (即见证点) $x \in X \backslash L$ 到 $\{l_0, l_1, \cdots, l_q\}$ 中每一点的距离都比 $L \backslash \{l_0, l_1, \cdots, l_q\}$ 中的点更近时, 我们称点子集 $\{l_0, l_1, \cdots, l_q\} \in L$ 构成单形. 因此, 由 X 中顶点弱见证的顶点集 L 形成的单形及其单形面构成了见证复形[17].

读者可能会注意到, 上述构建见证复形的方式很容易与由两个集合, 即标记点集和见证点集之间的关系构建单纯复形的方式联系起来.

尽管构建见证复形能够有效地减少数据集的大小, 但挑战在于如何选择合适的标记点集以保留原始数据集的拓扑结构. 在构建 Vietoris-Rips 复形和 Čech 复形时, 它们的半径大小不确定, 因此适合采用持续同调方法, 在见证复形中也是如此[18]. 我们不会详细讨论怎样选择标记点是最佳方式, 而是通过一个例子来说明构建见证复形的方法. 在图 3.10 中, 数据点仍是图 3.7 中的 31 个数据点, 我们随机选择其中 6 个标记点构建一个 1 维单纯复形. 此外, 正如在 Vietoris-Rips 复形和 Čech 复形中发现的那样, 这个单纯复形包含一个大 1 维孔. 因此, 这种构建见证复形的粗粒化方法不仅减少了数据点的数量以及单形的数量, 同时还保留了同调结构.

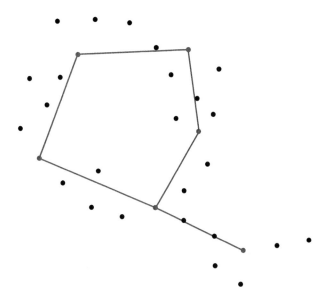

图 3.10　从数据点构建见证复形的示例

金字塔示例 由见证复形规则构建的金字塔:

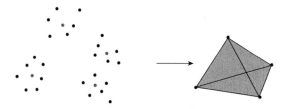

注记

当我们关注数据形状的同调特征时, 构建 Čech 或 Vietoris-Rips 复形都有一个缺点, 即可能会出现许多不必要的高维单形. 也就是说, 这些高维单形不参与同调群的计算, 但却可能会给计算过程带来不必要的负担. 因此, 构建见证复形可能是一个更容易接受的选择. 然而, 当我们对单纯复形进行 Q 分析时, 计算高维单形是至关重要的. 而这时见证单形却可能因为粗粒化而丢失某些高维结构, 这也是需要注意到的.

需要指出的是, 这里介绍的见证复形的定义通常用来定义所谓的弱见证复形, 但也可以用来定义强见证复形. 若对于任意的 $l \in \{l_0, l_1, \cdots, l_q\}$ 和 $k \in L$ 有 $d(l, x) \leqslant d(k, x)$, 那么 q-单形 $\sigma_q = \langle l_0, l_1, \cdots, l_q \rangle$ 是由 $x \in X \backslash L$ 强见证的, 从而我们可以构建强见证复形. 然而稍加检验会发现, 以这种方式定义的强见证复形将只有顶点, 因此我们通常将强见证的条件 $d(l, x) \leqslant d(k, x)$ 放松为 $d(l, x) \leqslant d(k, x) + \alpha$.

从图 3.8 和图 3.10 的例子中我们可能会得到一个错误的结论, 即所有的方法都能保留全局拓扑特征 (即同调), 所以好像从数据点构建单纯复形的方法并不重要. 但我们想强调的是, 情况不一定如此. 例如, 数据点的数量、它在空间中的特定分布以及许多其他特征都会影响到构建单纯复形方法的正确选择.

3.3　由时间序列构建单纯复形

时间序列通常记录实验或观察过程中一个 (或多个) 变量随时间的变化. 例如, 在物理学中, 时间序列可以用于描述系统特征变量随时间变化的值, 如速度或温度; 而在经济学中, 时间序列可以记录公司股价或公司收入的变化. 此外, 面对多个时间序列时, 我们可以对这些时间序列之间的相关性进行分析. 例如, 在股票市场中数百家公司的股票价格就形成了数百个时间序列, 分析它们的相关性给我们提供了各个公司之间相互影响的信息. 因此, 构建时间序列对应的单纯复形为研究时间序列及其之间的关系提供了新的线索.

据我们所知, 从时间序列构建图有许多种方法. 然而, 回想前面介绍过的内容, 我们会发现复杂网络只是从时间序列构建单纯复形的一个中间结果. 本节的重点实质上仍是从复杂网络和度量空间中构建单纯复形, 但我们是从真实世界的时间序列入手, 这也是我们感兴趣的研究对象.

本节介绍的部分内容仍处于发展阶段. 通过对这些内容的介绍, 我们将接触一些处于前沿的研究工作, 即从相空间的几何和拓扑特征揭示复杂系统的动力学性质[19]. 这在时间序列分析领域已是众所周知的, 然而将它们与单纯复形联系起来的研究直到最近才引起研究者更大的兴趣.

简单地说, 通常我们对复杂系统唯一了解的信息就是时间序列, 即其中某个变量按照时间顺序的测量值, 来表示复杂系统的动力学过程. 我们不知道具体会有多少变量支配着这个确定性复杂系统. 很显然对于复杂系统, 一般都是包含着多个变量成分在其中的. 那么问题就来了, 我们如何从单个时间序列中提取该动力系统的相关信息? 针对这个问题, 我们需要设计确定变量数量的方法, 以及揭示变量之间关系的方法, 而这两种方法都有助于全面描述复杂系统. 这两种方法实现过程就包含在相空间重构中, 即重构所有状态的空间, 相空间中每一个点的坐标对应系统某一时刻的状态. 相空间的维数 (即表示相空间中坐标的个数) 就等于变量的个数. 时间序列分析的主要目的就是获取隐藏在时间序列中的动力学信息[20]. 在本书中, 我们将只研究确定性系统, 即给定系统当前的状态, 其未来的状态也是确定的.

相空间重构的任务并不简单, 需要定义的概念超出了本书的范围. 然而, 由于我们会对单纯复形的应用给出广泛的介绍, 并相应地介绍应用到的代数拓扑方法, 因此我们在后续论述中将只介绍其中必要的定义和概念.

除了从观察到的时间序列中理解和分析系统相空间的方法之外, 我们还将介绍另一种将复杂网络作为媒介的方法, 也就是将时间序列映射到图的方法, 这里我们将介绍可视图方法[21]. 这种方法的本质在于将时间序列简单地转换为图, 进而使用图论方法进行分析. 可视图方法已经被广泛应用于金融、流体动力学、大气分析等领域. 通过这种方式, 复杂网络的性质就能够用于表征复杂系统的重要结构属性. 这种方法的关键在于将时间序列中的数据点作为复杂网络的节点, 如果数据点之间相互可见, 那么就用一条连边将它们连接起来, 否则如果彼此不能看到, 则不连接. 另外, 为了揭示更高阶的结构特征, 我们可以如文献 [22] 所示进一步由复杂网络构建单纯复形.

3.3.1 相空间重构方法

一般情况下, 对于某一确定系统我们通常不知道相空间的所有变量, 但仅仅一个变量随时间变化就足以确定系统的某些特征. 一般来说, 对于 d 维相空间的重构, 我们通常取延迟的时间序列样本, 并且将重构相空间点与 d 个延迟的时间序列数据点等同. 也就是说, 我们在均匀的采样时间下测量得到标量的时间序列 $X = \{x_1, x_2, \cdots, x_n\}$. Takens 的嵌入定理[23] 表明, 我们可以从考虑延迟的时间序列中重构相空间, 从而利用延迟嵌入将数据展开到 d 维. 这样, 数据就变成了高维相空间中未知维数和形状的路径. 重构空间中的点通常收敛于 n 维欧氏空间或者一些子空间的流形, 或者收敛于分形维数的吸引子[24].

以粒子沿极限圆的运动为例 (图 3.11(a)). 我们可以由两个变量 x_1 和 x_2 来刻画沿极限圆的运动轨迹, 方程为 $x_1 = \sin(2\pi t)$ 和 $x_2 = \cos(2\pi t)$. 那么粒子的运动轨迹可以写成

$$x(t) = (x_1, x_2) = (\sin(2\pi t), \cos(2\pi t))$$

$$= \left(\sin(2\pi t), \sin\left(2\pi t + \frac{\pi}{2}\right)\right) = \left(x_1(t), x_1\left(t + \frac{1}{4}\right)\right)$$

因此, 沿极限圆的运动轨迹可以只用一个变量 x_1 (图 3.11(b)) 及其延迟参数位移 $\frac{1}{4}$ 来表示.

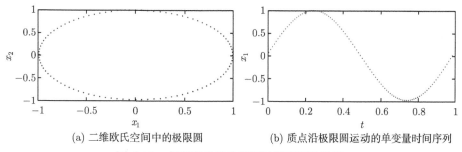

(a) 二维欧氏空间中的极限圆   (b) 质点沿极限圆运动的单变量时间序列

图 3.11   极限圆及其单变量时间序列的示例

实际上, 步骤如下. 我们取 m 个被观测变量均匀间隔的时间序列样本, 并将其拼接成一个向量:

$$\boldsymbol{v}_i(t) = [x_t, x_{t-\tau}, \cdots, x_{t-(m-1)\tau}] \tag{3.1}$$

通过这种方式, 我们将动力系统的状态向量映射到重构空间中的一点. 我们构造了 m 维向量 (3.1), 其中延迟时间 τ 和嵌入维度 m 是相空间重构中至关重要的两个参数. Takens 嵌入定理保证了吸引子的拓扑性质, 但不能保证其几何性质. 因此, 在实际应用中, 延迟时间和嵌入维度的选择对结果的准确性有很大的影响. 嵌入定理要求嵌入维度满足 $m > 2d$, 其中 d 为动力系统的实际维数, 即实际变量个数[23]. 一般来说, 重构的第一步是估计延迟时间 τ, 一旦确定好最优延迟时间, 就

确定了合适的嵌入维度 m. 有许多估计 τ 和 m 的方法可以展现出相空间重构的意义. 估计延迟时间 τ 最常用的两种方法是基于平均互信息的第一个最小值[25] 或自相关函数的第一个零值[26]. 由于我们对单纯复形在时间序列分析的应用感兴趣, 因此将使用互信息的第一个局部最小值来估计延迟时间. 由于我们首要关心的是单纯复形的具体应用, 计算互信息超出了本书的范围, 因此将省略该方法的具体计算. 对这个话题感兴趣的读者可以在参考文献 [25, 26] 中找到具体的计算过程.

下一步是估计嵌入维度 m. 这里我们不使用传统的估计方法, 而是应用前面介绍的代数拓扑工具——持续同调.

相空间的持续同调性

一旦确定了延迟时间, 我们就可以通过改变嵌入维度的值, 即对于每个 $m = 2, 3, 4, \cdots$ 都建立对应的单纯复形, 以捕捉重构空间的拓扑结构, 然后再使用拓扑数据分析的方法计算其拓扑不变量和性质[27]. 下面我们将介绍构造时间序列拓扑结构的完整过程. 从单变量时间序列出发, 我们建立了 m 维向量, 这些向量可以看作 m 维空间中点的坐标. 为了还原这些数据点在 m 维空间中的拓扑结构, 我们可以应用 3.2 节中介绍过的方法, 如 Čech 复形, 由嵌入度量空间中的数据集构造单纯复形. 但是, Čech 复形的形状依赖于数据点邻域球的半径, 而半径的选择又没有确定的标准, 除非我们能设计一些准则来估计合适的半径值. 因此在没有准则的情况下, 我们可以将半径作为一个自由参数, 从而建立一系列 Čech 复形. 回顾上一章介绍的内容, 其实我们已经具备了构造单纯复形以及刻画其特征的成熟方法, 即持续同调.

以单摆为例. 从时间序列出发, 首先我们在二维嵌入空间中建立一个与数据点相关的二维向量. 如前所述, 我们需要像图 3.11 中那样的重构极限圆. 在图 3.12(a)~(f) 中, 我们展示了由分布在闭合轨道上的数据点构建 Čech 复形的过程. 图 3.12(a) 中的 Čech 复形半径很小, 因此其拓扑结构是不连通的 ($\beta_0 > 1$), 此时只有一对点构成了 1 维单形. 之后通过增加 Čech 复形的半径, 在图 3.12(b) 中出现了新的单形, 其中包括高维单形, 如 2-单形. 随着半径的进一步增大 (图 3.12(c)~(e)), 单形的数量越来越多, 而结构连通分量逐渐减少, 最终只剩下一个连通分量, 即图 3.12(f). 我们可以看到, 在最后阶段只有一个连通分量时, 单纯复形有一个 1 维洞, 即 $\beta_1 = 1$, 这就是极限圆的拓扑结构特征. 也就是说, 通过过滤 Čech 复形来计算其持续同调性的过程重建了单摆相空间的拓扑形状.

除了将二维向量和二维嵌入空间中的点联系起来, 我们也重构了三维或四维向量的情况. 经过相同的操作过程, 我们发现重构到高维空间仍保持了相同的拓扑结构. 也就是说在高维情况下, 真实的拓扑结构 (如 1 维洞) 会被准确地保留下来. 在接下来的章节中, 我们将把这些方法应用到一些具体的例子中, 这些方法的适用性将会更加清晰.

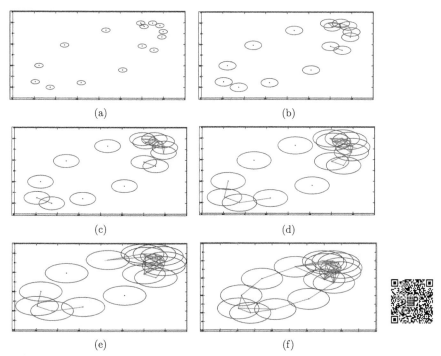

图 3.12　通过增加每个数据点周围的半径来建立不同的 Čech 复形的持续过滤阶段

注记

我们在数据集上不仅可以构建 Čech 复形, 也可以构建 Vietoris-Rips 复形或见证复形, 并应用持续同调性过滤操作. 然而这些方法都有它们各自的优缺点. 例如, 对于 Čech 复形, 它满足神经引理, 因此我们确定 Čech 复形可以准确地还原数据的拓扑结构. 另一方面, Vietoris-Rips 复形或见证复形的优点是对计算要求较低. 例如, 从数据点构建见证复形的优点是便于对数据进行粗粒化从而减少数据点的数量, 同时在某些条件下仍能保留数据集隐藏的拓扑结构[18].

3.3.2　可视图方法

在本节我们将介绍由时间序列构建可视图的过程. 由于这一过程将时间序列转换为复杂网络, 因此根据 3.1 节中介绍的从复杂网络构建单纯复形的方法, 可以进一步得到时间序列对应的单纯复形.

为了说明从时间序列构建可视图方法, 我们以图 3.13(a) 所示的时间序列为例, 其中 10 个竖条分别表示时间序列的值. 通过将每个竖条的顶部 (即每个时间序列点) 与所有顶部可见的竖条 (即可以看到的竖条) 连接, 就可以得到可视图, 如图 3.13(b) 所示. 从这些图中可以清楚地看出, 可视图中的每个节点都对应着原始时间序列的数据点.

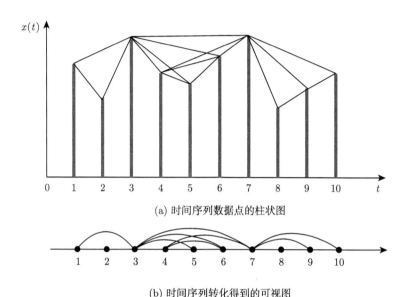

(a) 时间序列数据点的柱状图

(b) 时间序列转化得到的可视图

图 3.13　将时间序列转换为可视图的示例

从这个例子可以看出, 可视图方法很容易实现. 根据上述描述, 即如果时间序列 $X = \{x_1, x_2, \cdots, x_n\}$ 中的两个值 $(t_i, x(t_i))$ 和 $(t_j, x(t_j))$ 满足如下条件, 那么这两点就是可视的, 在可视网络中就对应着两个连通的节点.

$$x(t_k) < x(t_j) + (x(t_i) - x(t_j)) \frac{t_j - t_k}{t_j - t_i}$$

其中 $t_i < t_k < t_j$(换句话说 $i < k < j$). 因此, 从几何角度看, 如果我们用一条直线连接两个数据点, 且该直线与中间的数据不相交, 那么称这两个数据点是可视的, 因而在复杂网络中这两个节点有连边.

根据可视图方法, 我们就可以由图 3.13(a) 中的时间序列构造出图 3.13 (b) 的可视网络, 重绘该网络可以得到如图 3.14 所示的复杂网络. 通过计算这个网络的极大集团, 我们可以构建出由如下单形组成的集团复形:

$$\langle 1, 2, 3 \rangle$$

$$\langle 3, 4, 5, 6 \rangle$$

$$\langle 3, 4, 6, 7 \rangle$$

$$\langle 7, 8, 9 \rangle$$

$$\langle 7, 9, 10 \rangle$$

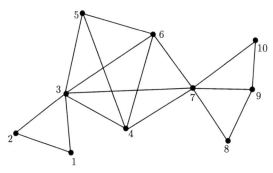

图 3.14　可视图网络示例

注记

补充说明一下, 这里介绍的可视图被称为自然可视图, 还有一种水平可视图方法也可以将时间序列可视化, 它们的定义差别不大. 后来, 又有研究人员基于水平可视方法, 提出水平穿越可视的概念. 感兴趣的读者可以通过搜索相关关键词找到相关文献. 了解了自然可视图方法, 对后面这两种可视图方法也就不难理解了. 此外, 对于同一个可视图复杂网络来说, 除了构建集团复形, 我们当然还可以构建其他单纯复形.

3.4　总　　结

第 2 章主要介绍了单纯复形的基本概念以及刻画单纯复形特征的度量方法. 然而为了应用代数拓扑, 仅仅知道这些远远不够. 我们需要知道如何将单纯复形与特定的研究框架联系起来, 或者换句话说, 如何从一些真实的数据中构建一个合适的单纯复形, 从而使用代数拓扑中的工具进行分析. 带着这个任务, 我们进入了本章的内容, 概述了从不同的数据构建单纯复形的方法.

本章介绍了从三种不同类型的数据构建单纯复形的方法, 以涵盖尽可能广泛的应用. 复杂网络在现实中无处不在, 因此, 它受到如此多的关注也就不足为奇了. 图论作为复杂网络自然的数学表示方法, 在复杂网络研究中具有压倒性的优势. 然而为了揭示复杂系统中的高阶结构以及高阶结构之间的关系, 图论的方法就显得能力不足, 而单纯复形却是合适的研究工具. 因此, 我们介绍了五种由图构建单纯复形的方法, 每种方法都记录了单纯复形不同的结构属性. 从图直接构造单纯复形的方法包括集团复形或邻域复形, 前者我们保留原始图的连边, 集团 (即完全图) 就是单形, 后者我们基于公共节点的邻接关系, 在节点组上构建单纯复形. 独立复形的构建是从缺失的连边中提取结构, 而匹配复形则记录了图中缺失的连边之间的结构关系.

当我们处理度量空间中的数据点的空间分布时, 还原这些数据点的拓扑结构常常是重要而且必要的. 这里我们介绍了三种典型的方法, 即 Čech 复形、Vietoris-Rips 复形和见证复形. 当满足神经引理的条件时, 由度量空间的数据点构造的 Čech 复形可以完全重现数据点的拓扑结构, 而对于 Vietoris-Rips 复形和见证复形则需要在一定条件下才能保证准确还原.

最后, 我们介绍了由时间序列构造单纯复形的两种方法. 首先, 我们将持续同调法与 Čech 复形相结合, 这需要对时间序列进行相空间重构. 对复杂系统观测或实验结果通常是一个时间序列, 由于我们对复杂系统的实际变量数量并不清楚, 因此需要借助相空间重构来估计时间序列的嵌入维度和延迟时间, 用数据点坐标表示复杂系统的状态. 本章我们大概介绍了如何从时间序列中提取相空间中数据点的坐标, 并通过过滤 Čech 复形挖掘时间序列的持续同调结构. 另外, 我们引入了可视图方法, 将数据点看作复杂网络中的数据点, 如果两个节点能 "看到" 彼此, 那么就在对应的复杂网络中连接这两个节点, 从而构造一个复杂网络. 对于得到的复杂网络, 我们可以进一步构造不同的单纯复形, 从而实现从代数拓扑的角度来分析原始的时间序列.

本 章 习 题

1. 复杂网络的基本组成部分有哪些?
2. 列举若干类由复杂网络构造单纯复形的方法及其具体步骤.
3. 有向复杂网络中节点的入、出度与其对应的单纯复形维数有什么关系?
4. 无向复杂网络中节点的度与共轭集团复形和邻域复形的维数有什么关系?
5. 如何由复杂网络构建连边图?
6. 为什么构建独立复形和匹配复形对计算要求很高?
7. 从图构建单纯复形和从度量空间构建单纯复形之间最主要区别是什么?
8. 从嵌入到度量空间的点可以构建哪些单纯复形?
9. 给出若干现实世界中时间序列示例, 对于这样的时间序列, 如何构造它们的单纯复形?
10. 相空间重构法可以应用于哪些系统?
11. 从时间序列得到的可视图是什么?
12. 根据可视图的定义, 尝试给出有向可视图的定义.

推 荐 练 习

1. 列举至少三个有向复杂网络和无向复杂网络的例子.

2. 构建两类你的朋友圈网络: 第一个是有向网络, 其中连边的方向表示谁被介绍给谁, 第二个是无向网络, 其中连边表示两者之间是熟人.

3. 以练习题 2 中的有向网络为例, 建立一个单纯复形.

4. 以练习题 2 中的无向网络为例, 构建集团复形和邻域复形.

5. 以练习题 2 中的无向网络为例, 选取 $4 \sim 6$ 个节点, 构建其独立复形和匹配复形. 并进一步解释这两种结构. 若难以画出, 可以用代数形式写出步骤和单形.

6. 给出一个类似于图 3.7 的例子, 标记每个点, 以每个点为圆心画半径相等的圆圈, 构建 Čech 复形和 Vietoris-Rips 复形, 并且用代数形式写出单形.

7. 对于练习题 6 中给出的例子, 以不同的标记点集和见证者为例构建一些见证复形, 并总结这些见证复形之间的相同点和不同点.

8. 以图 3.11 为例, 去除时间序列中 $20\% \sim 30\%$ 数据点后进行相空间重构, 再通过改变相空间中点的圆半径, 应用持续同调法绘制出过滤过程中的持续同调条码.

参 考 文 献

[1] MALETIĆ S, RAJKOVIĆ M, VASILJEVIĆ D. Simplicial complexes of networks and their statistical properties[J]. Lecture Notes in Computational Science, 2008, 5102(II): 568

[2] MALETIĆ S, RAJKOVIĆ M. Combinatorial Laplacian and entropy of simplicial complexes associated with complex networks[J]. Eur. Phys. J. Special Topics, 2012, 212: 77

[3] MALETIĆ S, HORAK D, RAJKOVIĆ M. Cooperation, conflict and higher-order structures of complex networks[J]. Advances in Complex Systems, 2012, 15: 1250055

[4] BOCCALETTI S, LATORA V, MORENO Y, CHABEZ M, HWANG D U. Complex networks: Structure and Dynamics[J]. Phys. Rep., 2006, 424: 175

[5] NEWMAN M E J. Networks: An Introduction[M]. Oxford: Oxford University Press, 2010

[6] EARL C F, JOHNSON J H. Graph theory and Q-analysis[J]. Environment and Planning B, 1981, 8: 367

[7] KOZLOV D. Combinatorial Algebraic Topology[M]. Heidelberg: Springer-Verlag, 2008

[8] ANĐELKOVIĆ M, TADIĆ B, MALETIĆ S, RAJKOVIĆ M. Hierarchical sequencing of online social graphs[J]. Physica A, 2015, 436: 582

[9] HORAK D, MALETIĆ S, RAJKOVIĆ M. Persistent homology of complex networks[J]. J. of Stat. Mech., 2009, 03: P03034

[10] LOVÁSZ L. Kneser's conjecture, chromatic numbers and homotopy[J]. Journal of Combinatorial Theory, Series A, 1978, 25: 319

[11] ARENAS F G, PUERTAS M L. The neighborhood complex of an infinite graph[J]. Divulgaciones Matematicas, 2000, 8: 69

[12] DONG X, WACHS M L. Combinatorial Laplacian of the matching complex[J]. Electronic Journal of Combinatorics, 2002, 9: R17

[13] HATCHER A. Algebraic Topology[M]. Cambridge: Cambridge University Press, 2002

[14] MUNKRES J R. Elements of Algebraic Topology[M]. California: Addison-Wesley Publishing, 1984

[15] EDELSBRUNNER H, HARER J L. Computational Topology: An Introduction[M]. Providence: American Mathematical Society, 2009

[16] DE SILVA V, GHRIST R. Coverage in sensor networks via persistent homology[J]. Alg. Geom. Topology (to appear), 2007, 7: 339

[17] DE SILVA V, CARLSSON G. Topological estimation using witness complexes[C]. In Symp. on Point-Based Graphics, 2004: 157

[18] GARLAND J, BRADLEY E, MEISS J D. Exploring the topology of dynamical reconstructions[J]. arXiv:1506.01128v1, 2015

[19] MALETIĆ S, ZHAO Y, RAJKOVIĆ M. Persistent topological features of dynamical systems[J]. Chaos, 2016, 26: 053105

[20] KANTZ H, SCHREIBER T. Nonlinear Time Series Analysis[M]. Cambridge : Cambridge University Press, 1997

[21] LACASA L, LUQUE B, BALLESTROS F, LUQUE J, NUÑO J C. From time series to complex networks: The visibility graph[J]. PNAS, 2008, 105: 4972

[22] ANDJELKOVIĆ M, GUPTE N, TADIĆ B. Hidden geometry of traffic jamming[J]. Phys. Rev. E, 2015, 91(5): 052817

[23] TAKENS F. Detecting strange attractors in turbulence[J]. Dynamical Systems & Turbulence, 1981: 366

[24] SAUER T, YORKE M, CASDAGLI M. Embedology[J]. Journal of Statistical Physics, 1991, 65(3): 579

[25] FRASER A M, SWINNEY H L. Independent coordinates for strange attractors from mutual information[J]. Phys. Rev. A, 1986, 33: 1134

[26] GRASSBERGER P, PROCACCIA I. Measuring the strangeness of strange attractors[J]. Physica D, 1983, 9: 189

[27] CARLSSON G. Topology and data[J]. Bulletin of the American Mathematical Society, 2009, 46: 255

第二部分
指导性示例

第 4 章

代数拓扑方法应用

我们已经学习了应用代数拓扑的基础知识, 从本章开始将为有需要的读者介绍进阶的知识内容, 以帮助他们了解更多的代数拓扑知识, 进一步提升面向实际问题应用代数拓扑工具的能力.

第 3 章介绍了应用代数拓扑处理不同数据集的方法以及相应的示例, 以说明单纯复形在实际中的应用潜力. 虽然这些示例并不是针对具体问题的分析, 但读者仍可以预见代数拓扑在实际应用中的潜在价值. 因此, 在某种意义上, 本章拓展丰富了前述理论并给出具体示例, 进一步展示了代数拓扑在实际中的应用.

随着本章内容的不断深入, 我们将引入更为详细和复杂的概念, 从而逐步实现代数拓扑在具体情况下的应用. 第 2 章用了三种不同但相互等价的方法定义了单纯复形, 即几何单纯复形、组合单纯复形和关系单纯复形. 显然, 我们可以根据要处理的数据对象和特定问题而选择合适的单纯复形定义. 此外, 我们还介绍了刻画单纯复形性质的一些方法和度量. 事实上, 不同的单纯复形定义方式并不会影响我们选择刻画其性质的工具和方法, 因此面对不同复杂系统, 我们可以给出一个相对通用的分析框架. 当应用代数拓扑工具, 如 Q 分析和组合拉普拉斯算子分析具体问题时, 通常重点在于是否需要考虑所有的高维单形, 因为高维单形在某种程度上可能只是计算负担, 如同调群的计算.

但仅仅知道单纯复形的数学定义, 以及如何刻画其性质是不够的. 为了实现单纯复形和代数拓扑在实际中的应用, 我们需要将实际现象, 即具体的复杂系统与特定的单纯复形联系起来. 因此, 我们给出了各种构建单纯复形的方法来还原不同数据集的拓扑结构, 这些数据集要么已经具有一定的结构, 比如复杂网络, 要么分布在某些空间中. 对于后者, 我们就可以使用 Čech 复形或 Vietoris-Rips 复形来重构数据的形状.

首先, 我们将介绍一个观点交换模型, 以说明通过关系来定义描述社会环境的单纯复形的便利性. 这种方法的优点有两个: 一是用单形来表示观点贴合现实;

二是便于调整适应于现实世界的数据结构, 例如公共问卷调查收集的数据. 由于仅依靠图论方法无法还原复杂网络的介观结构, 因此我们引用从现实世界的复杂网络中构建单纯复形, 并重点研究其中的介观结构, 即由部分节点构建的复杂网络子结构. 另外, 我们将说明由同一网络构建的不同单纯复形它们各自的适用性. 接下来, 我们将说明对于可能具有混沌行为的复杂动力系统, 持续同调是分析其时间序列的有效工具. 最后, 基于以上介绍的内容, 我们将概述单纯复形与代数拓扑在航空科学中的潜在应用.

下面将介绍不同的代数拓扑应用示例, 这些内容的难度不同, 读者可以根据自己的知识储备和兴趣任意地选取阅读顺序. 但为了广泛地了解代数拓扑的应用, 我们建议读者阅读全部的内容. 此外, 通过这些应用示例, 读者还将学习如何撰写学术论文, 如何呈现和讨论相关结果并给出结论.

4.1　社会关系的代数拓扑描述

本节内容参考文献 [1-3] 中的研究思路, 但目的是举例说明基于社会关系定义单纯复形的有效性, 以及该定义方式适用于描述与社会网络相关的现实世界情况. 此外, 使用单纯复形方法来建模描述社会网络活动的优势在于可以灵活地调整适应收集而来的数据, 而且该模型有可能作为预测社会行为的计算框架. 对于擅长编程的读者, 可以将本节的算法实现当作练习.

4.1.1　社会网络的高阶结构

为了更好地介绍观点交换模型, 我们以现实世界常见的现象作为例子. 以在同一家公司工作的同事为例, 午餐时间他们两人在餐厅就餐, 讨论什么是个人幸福感的源泉. 当然, 他们关于自己生活的快乐和满足感都有各自的见解, 而且这些见解产生的原因也各不相同. 例如, 如果一个人认为身体健康、个人经济状况、婚姻关系对个人幸福至关重要, 而另一个人则认为社会关系、购物、工作和事业、度假对于个人幸福更为重要, 那么他们的观点显然没有任何共同点. 因此, 二人的观点可能很难达成一致, 或者更确切地说, 很难就某些观点达成共识. 相对地, 如果第一个同事认为身体健康、个人财务、工作和事业对个人幸福很重要, 另一个同事认为个人财务、工作和事业、社会关系、度假很重要, 则他们的观点在个人财务、工作和事业方面重合, 或者说他们在这些方面达成了共识, 那么他们会更倾向于相互交换彼此的观点. 通过这个例子, 结合前面单纯复形的内容, 我们隐约感觉到可以用单纯复形来描述个人观点构成及其特征.

为了理解从观点交流到语言形成的社会动力学, 人们建立了各种各样的模型[4]. 大多数观点模型关注个体基于某一属性形成的社会动力学, 其中这些属性受到一个或多个参数调控的动态机制控制. 就像我们开头介绍的例子, 观点可以由一定数量的个性特征所表征, 拥有相同特征的人就有着相似的观点. 这里我们提出简单的观点模型来说明单纯复形模型以及相应的代数拓扑方法对描述观点动力学的便捷, 并推广源自单纯复形的拓扑结构, 作为研究观点融合的基本框架.

跨学科研究为解决社会动力学相关问题建立了许多简单的基于智能体的模型[4]. 最主流的模型包括 Voter 模型[5]、Galam 模型[6]、社会影响模型[7]、Sznajd 模型[8]、Deffuant 模型[9] 和 Hegselman-Krause 模型[10]. 其中一些模型考虑个体 (在基于智能体的建模中称为智能体) 的观点为离散状态, 用整数来表示, 如 $(+1/-1)$[5-8], 而另一些模型把个体观点看作连续有界的[9,10]. 对于一致性模型[4], 可以通过计算机模拟定位于网络节点的智能体观点的随机状态初值, 由于它们之间的交互作用, 在数值模拟结束时, 智能体的状态可能是一致的 (形成一致观点状态)、两极分化的 (两种观点状态) 或无秩序的 (多种观点状态). 研究者通常基于社会心理学研究中的某种社会属性或者个体之间的互动关系来开发模型, 这其中包括诸如社会影响、同质性、从个体向其邻居的信息传递和有界信任[4]. 本节介绍的观点动力学的单纯复形模型例子将限制在有界置信准则上.

面对不同的问题每个人都可能有不同的看法. 个体的社会行为都反映了他 (她) 对某些问题, 或者更宽泛地说某些事物的观点. 从这个意义上来说, 个体是基于自身的知识以及对某一特定话题的事件或关系的感知, 而推断出对该话题的观点. 这一过程可能还涉及对事件或者对象的评估[11]. 为了确切地阐述或者表达关于某一特定话题的观点, 我们通过提取出该话题的特征, 并评估这些错综复杂的特征, 从而形成我们的看法. 例如, 当我们通过口述或电子邮件和短信的方式来表达观点时, 实际上是以文字描述的形式表达一组相互关联的特征, 这些特征共同形成了我们的观点. 因此从这个意义上说, 个人观点不仅仅是一系列独立特征的集合, 而且是一系列相互关联的特征的集合, 这些特征共同构成了整体的观点, 也就是说, 一个观点的意义超越了单独判断每个特征的意义. 如果回到本节开头两个同事对话的例子, 我们会注意到每个同事的观点都是一个整体, 而不仅仅只是几个特征的集合. 当谈及个人幸福感的话题时, 两个同事都是用相互关联的方式, 在一定的关系下列举这些特征把各自的观点表达出来. 关于个人幸福感, 若在已有的观点中加入一个新的特征, 则他的观点可能就会转变成另一个观点. 大量个人观点的集合代表了相互重叠的观点和共同特征的混合体, 分析这些观点需要一个合适的数学框架, 从而抓住观点的内在本质及其构成和形成过程.

为此, 我们可以将观点看作单形, 通过观点彼此之间重叠的特征构建单形的连接结构, 从而将观点的集合表示为单纯复形. 观点的单纯复形也是由该单纯复形定义的一个观点空间. 每个观点所包含的特征的数量不一定相同, 具体数量会随着观点的不同而不同. 回到个人幸福感这个例子, 假设第一种情况是两个人的观点完全不同的情况 (图 4.1(a)), 可以表示为两个不重叠的几何单形 (图 4.1(b)), 而对于两个人观点不同但有重叠的情况 (图 4.2(a)), 则可以表示为两个重叠的几何单形 (图 4.2(b)).

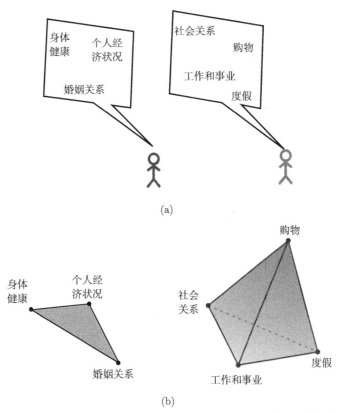

图 4.1　两个人对个人幸福感的观点不重叠 (a) 和他们观点所对应的单形表示 (b)

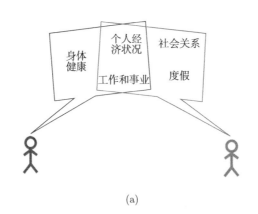

(a)

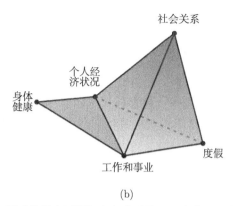

(b)

图 4.2 两个人对个人幸福感的观点不同但有部分重叠 (a) 和他们观点所对应的单形表示 (b)

另外一种把观点表示为单纯复形的方式是采用有界置信准则[4], 即广义上来说当两个个体差异不大时, 它们才能相互作用. 每个观点的单形通过共享子单形而相互连接, 恰好满足有界置信准则的实施要求. 在本书所考虑的模型中, 我们在描绘个体之间交互作用 (即交换观点) 时都采用有界置信准则, 后续大家会发现即使是这样简单的准则也能产生十分有趣的结果.

4.1.2 模型描述

回顾构建观点交换模型的思路和想法. 社会人际交互的载体是以个体或智能体为代表的社会个体[12], 并且个体或群体观点的改变都是受到其他个体或群体的观点的影响. 因此社会交互依赖于人际关系结构. 事实上, 两个个体之间, 三个个体之间, 更一般地, n 个个体之间都会产生交互作用. 然而目前已有的大部分模型都仅限于考虑个体之间的二元交互, 即同一时间只有两个个体交流. 这种二元交互很大程度上取决于二者观点是否相似和相似程度, 即二者观点既有重叠的部分又不完全相同.

将观点的聚合体看作单形的聚合, 进而形成了单纯复形, 其中两个单形之间的重合程度就刻画了相应的两个观点之间的相似性. 在现在的模型中, 我们假设每个人都可以与其他人进行交流互动. 虽然每个个体都有与其他个体交流的机会, 但只有满足有界置信准则, 即只有他们的观点不存在显著差异时, 个体之间才能成功地进行观点交换. 因此, 用单纯复形表示的观点交换模型便于判断有界置信准则.

那么, 根据特征集合 T、观点集合 ω、特征与观点之间的所属关系 λ, 我们可以构建一个观点单纯复形[2,3]. 如果我们在一定限制下随机选取关系 λ, 即特征 t_j 与观点 ω_i 存在所属关系, 或者说观点 ω_i 包含了特征 t_j 的可能性为 p. 基于上述方法, 我们构建了一个随机 Atkinian 单纯复形.

设 n 和 m 分别为观点及其全部特征的数量, 模拟步骤如下:

(1) 由特定的 n, m 和 p 值生成一个单纯复形.

(2) 每个个体 α 对应一个观点 ω_i^α (该数值可为 1 到 n 之间的整数).

(3) 随机选择观点为 ω_i^α 的个体 α, 以及观点为 ω_j^β 的个体 β,

(3a) 如果个体 α 和 β 的观点没有任何共同点, 那么我们就另选一对个体;

(3b) 如果二者观点虽然不同但有重叠的部分, 即观点对应的两个单形共享一个面, 且观点重叠程度小于置信阈值 ε, 其中观点重叠程度 $\theta_i = \dfrac{f_{ij}}{q_i}, \theta_j = \dfrac{f_{ij}}{q_j}$, 这里 f_{ij} 为公共面的维度, q_i 和 q_j 分别为观点 ω_i^α 和 ω_j^β 的维度[2]. 也就是说, 当

$$\max(\theta_i, \theta_j) \leqslant \varepsilon$$

时, 个体 α 将会接受个体 β 的观点, 即 ω_j^β, 抑或个体 β 将接受个体 α 的观点, 即 ω_i^α.

(4) 在删除所有不持有主流观点的个体, 以及不频繁通信的连边后, 我们计算剩余网络的度分布, 如图 4.3. 显然, 不同的有界置信阈值 ε 和顶点-单形具有从属关系概率 p 会影响最终的网络结构以及相应的度分布. 由此, 我们可以探究阈值 ε 或概率 p 对观点交换过程的影响.

重复步骤 (3) 和 (4).

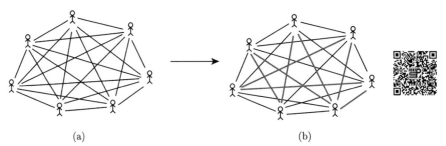

(a)   (b)

图 4.3 (a) 个体社交关系网络; (b) 经过前述步骤中个体之间观点交换后剩余的网络结构, 其中保留了那些交流频繁且拥有主流观点的个体及其之间的连边 (绿色连边)

4.1.3 仿真结果

为了考虑公共观点的形成, 以及构建潜在的社会网络, 我们考虑不同的顶点-单形具有从属关系概率 (即关系概率) p 以探究单纯复形的变化情况. 具体而言, 为了有效地对比并得出有意义的结论, 我们选取观点数目 $n = 5$, 特征数目 $m = 70$, 其中根据单纯复形结构复杂度, 特别选取顶点-单形具有从属关系概率 $p = 0.3, 0.5, 0.65$ 的情况, 并且在每一种情况下我们都选取个体数量 $N = 1000$, 唯一变化的参数是有界置信水平 ε. 个体的社交网络是未知的, 我们假设每个个体都可

以与任何其他个体通信. 取 100 次模拟的平均值得到最终结果, 其中每一次迭代 10^5 次.

数值实验结果表明, 由 $n = 5$ 个单形、$m = 70$ 个顶点构建的单纯复形, 其结构复杂度 Ψ 是关于关系概率 p 的凹函数[3], 如图 4.4 所示. 从图 4.4 可以明显看出, 选择的顶点-单形具有从属关系概率 $p_1 = 0.3, p_2 = 0.5$ 和 $p_3 = 0.65$ 满足 $\Psi_{p_1} > \Psi_{p_2} > \Psi_{p_3}$. 这里我们给出单纯复形复杂度的定义, 方便读者参考. 单纯复形复杂度定义为

$$\Psi(K) = \frac{2}{(D+1)(D+2)} \sum_{i=0}^{D} (i+1)Q_i$$

其中 D 是单纯复形 K 的维度, Q_i 是 Q-向量的第 i 项. 因此由定义可知, 单个单形构造的单纯复形的复杂度为 1, 而随着概率 p 的增加, 节点之间连接逐渐增多, 复杂度也逐渐上升, 然而随着连接概率 p 的增加, 构造的单纯复形中将出现维度较高的单形, 因此复杂度反而逐渐减小了. 若概率 p 接近 1, 即全部节点相互连接, 此时单纯复形就是一个顶点数为 70 的高维单形, 其复杂度 $\Psi(K) = 1$.

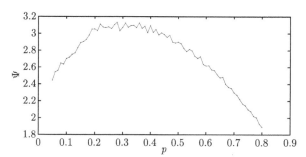

图 4.4 对于由 $n = 5$ 个单形和 $m = 70$ 个顶点构建的单纯复形, 其结构复杂度 Ψ 随关系概率 p 的变化

但顶点-单形具有从属关系概率 p 是如何影响单纯复形结构的呢? 回想一下 p 是顶点属于单形的概率. 因此, 对于数量相对固定的单形和顶点, 增加概率 p, 单形的维度就会增加, 从而单形之间公共面的维度也会增加. 那么从观点单纯复形的角度来看, 增加概率 p 意味着观点之间的重叠度更大, 从而也就影响了观点交换的有界置信标准. 为了说明这一关系, 如图 4.5 所示, 考虑持有主流观点 Om 的个体比例对有界置信水平 ε 的依赖性. 对于概率值 $p = 0.3, 0.5, 0.65$, 我们注意到 Om 都是 ε 的递增函数, 并且当我们增加概率 p 时, ε-轴数值向右移动. 后者结果表明, 概率 p 和有界置信水平 ε 之间存在强耦合, 因此在单纯复形的结构复杂性 Ψ 和有界置信水平 ε 之间存在强耦合.

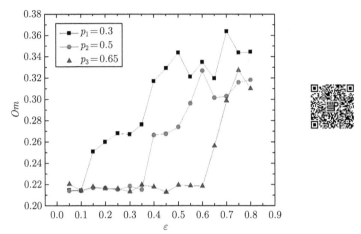

图 4.5　对于不同关系概率 $p_1 = 0.3$, $p_2 = 0.5$ 和 $p_3 = 0.65$,
持有主流观点 Om 的个体比例随着有界置信阈值 ε 的变化情况

由图 4.5 我们注意到持有主流观点的个体比例是 40%, 这也就意味着社会中存在其他观点, 从而不能达成完全共识. 然而, 我们也可以基于前一节提出的有界置信准则来构建复杂网络模型, 由此洞察那些持有主流观点的个体的核心网络结构. 从图 4.6 中我们可以看到, 对于不同的顶点-单形具有从属关系概率值 p, 网络的度分布 $P(k)$ 服从同样的趋势形状, 这意味着所得的复杂网络结构与由顶点-单形具有从属关系概率 p 所确定的观点的单纯复形结构无关.

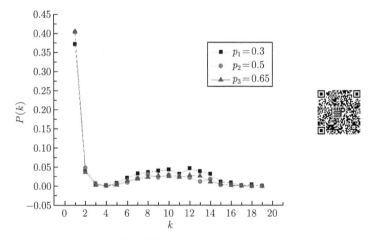

图 4.6　对于不同的关系概率 $p_1 = 0.3$, $p_2 = 0.5$ 和 $p_3 = 0.65$,
在数值模拟最后重构的社交网络度分布

4.1.4 注记

虽然我们的目的不是研究某一特定的实际情况, 而是为了展示单纯复形用于研究观点交换动力学的建模方式, 但从其中仍可以得到一些有趣的结论. 本节提出的基于单纯复形的观点模型将观点看作一组无序的特征集合, 事实上, 针对某一话题, 通过感知和学习我们可以获得一系列特征, 这些特征整合在一起就是观点, 并且两个观点重叠部分也就是观点之间具有的共同特征. 因此, 根据单形的定义我们将观点描述为高维单形非常符合我们的直观认识. 并且根据观点之间的重叠关系进一步构造了观点单纯复形, 该模型可以通过有界置信准则捕获潜在的社会交互水平. 增加有界置信水平, 两个人交换观点的可能性也随之增加. 我们的实验结果表明, 在有界置信准则下的社会交互的全局结果取决于观点判断概率. 此外, 我们还计算了占据主流观点且交流频繁的社会成员的社交网络的度分布, 发现即使在不同的关系判断概率下, 他们都呈现同样的度分布形态.

在这个简单的模型中, 我们把社会动力学看作自组织的观点交换过程. 因此, 可以进一步引入大众媒体并将其表示为外部单纯复形, 从而升级现有的模型. 此外, 由于问卷调查形式可以与单纯复形的关系定义方式相匹配, 因此面向观点的单纯复形模型也适用于民意调查问题建模.

本节我们建立了一个将观点看作一些无序判断集的动力学模型, 该模型将观点空间映射为单纯复形, 从而使得应用组合代数拓扑的概念方法来分析该类问题成为可能.

推荐练习

1. 对于固定的单形数 $n = 100$ 和变化的顶点数 $m = 40, 80, 120, 160$, 通过改变单形-顶点关系概率 p 构造 4 个单纯复形序列. 计算每个序列的单纯复形结构复杂度 Ψ, 类似于图 4.4, 在同一张图中绘制复杂度 Ψ 与概率 p 的关系曲线. 试着分析顶点数量的变化会给单纯复形结构复杂度 Ψ 带来什么影响? 举例说明不同的单形数量、顶点数量、关系概率的组合可使其单纯复形结构复杂度保持不变.

2. 编写本节介绍的观点交互模型的代码, 改变其初始参数, 例如单形数量、顶点数量、关系概率 p. 运行你的程序, 计算机模拟观点交换模型并将结果与书中给出的结果进行比较. 你能得到与书中同样的结论吗? 拓展讨论为了构建更真实的模型, 还可以做哪些改进? 这样的改进是否或者怎么影响数值模拟的计算性能?

3. 如果读者来自计算社会科学领域, 试着将常见的观点交换模型与本书中介绍的单纯复形模型方法相结合.

4.2 复杂网络的代数拓扑描述

在 4.1 节中, 我们介绍了如何从两个集合之间的关系构建单纯复形作为观点空间的模型. 在本节我们将深入讨论, 关注具有一定结构的系统, 即复杂网络. 我们将从真实世界的复杂网络出发, 以第 3 章中介绍的三种方式构建单纯复形, 即邻域复形、集团复形以及共轭集团复形, 之后将计算第 2 章中定义的一些度量. 正如在前几章提到的那样, 本节也将展示由一个网络构建不同的单纯复形得到不同的介观结构, 为我们发掘潜在的网络结构提供无限可能.

本节的内容主要以文献 [13–16] 的工作为基础, 虽然当时计算度量指标的目的可能不一样, 但本节的一般性结论与参考文献中的结论密切相关. 我们的目的不是解决任何具体的问题, 而是说明复杂网络中不同子结构之间的相似性和差异性, 寻找其中的共通之处. 因此, 在某种意义上, 本节将为未来的研究搭建一个应用场景, 以将现有的研究结果升级发展.

4.2.1 网络描述

我们构建欧洲公路网 (图 4.7) 的单纯复形, 其中节点代表城市, 两个节点之间的连边表示两个城市由 E-路 (E-roads, 欧洲高速公路) 连接[17–19]. 我们目前只需要知道该网络的节点数 $N = 1174$、连边数 $L = 1417$, 并且它是无向网络, 即两个节点之间的连接没有预设方向. 如图 4.8 中以半对数坐标绘制的线性图像所示, 连边的度分布为指数形态, 即 $P(k) \sim e^k$, 因此我们判定该网络属于指数类网络[20].

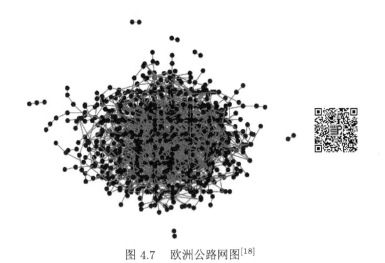

图 4.7 欧洲公路网图[18]

由于指数网络在复杂网络研究中具有特殊的意义, 并且具有不同于无标度网络的特性[21], 因此这类网络的研究特别有趣. 对于度分布为指数函数的网络, 关于其性质更详细的分析已经超出了本书的范围, 因此, 我们仅将关注点聚焦于度分布为指数分布这一点.

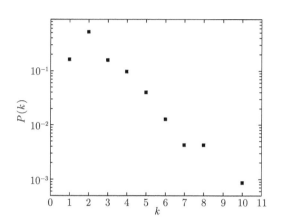

图 4.8　欧洲公路网的度分布, 通过在半对数坐标上的线性分布说明其度分布为指数分布

4.2.2 邻域复形

根据第 3 章中介绍的方式, 我们构建了欧洲公路网的邻域复形[22,23]. 回想一下, 邻域复形的顶点是原始网络中的节点, 原始网络中的每个节点 i 都对应着邻域复形中的单形 σ_i, 该单形是由在原始网络中与节点 i 相邻接的节点构成的, 即由其邻居定义的. 在第 2 章中, 为了刻画单纯复形的基本性质, 我们引入了 Q-向量、第二结构向量、离心率和顶点重要性. 在图 4.9 中, 我们给出了半对数坐标下 Q-向量和第二结构向量值随 q 阶的变化[24]. 通过观察, 我们可以发现 Q-向量和第二结构向量的值都表现出一定的规律性, 即从 1 阶到 9 阶, 二者都在对数坐标下表现出线性规律, 即可用指数函数近似. 图中 Q-向量在 0 阶处的值 Q_0 不满足指数拟合, $Q_0 > 1$ 表明邻域复形的结构是不连通的, 进而可知原复杂网络的结构也是不连通的. 这一点在其他代数拓扑量的计算中更为明显. 通过观察图 4.9 可知, 第二结构向量在对数坐标下表现出近似线性特征, 即第二结构向量各项值的分布与原始网络的度分布类似, 都呈现指数分布特征. 对于上述现象, 究其原因是邻域复形中的单形是由原始复杂网络中某一点的邻居集合构成的, 因此邻域复形中单形的维度就等于该点在原始网络中邻居的个数减 1. 第二结构向量的第 q 项是指具有 q-连通性的单形个数, 因此第二结构向量各项值的分布也都与原始网络分布相似, 近似呈现指数分布. 同样地, 从 1 阶到 9 阶 Q-向量的值也表现出一定的规律性, 在对数坐标下表现出线性规律, 即可用指数函数近似. 观察 Q_0, 由于 Q_0 的

值表示 0 阶连通组件的个数, 因此 $Q_0 > 1$ 表明邻域复形的结构是不连通的, 进而可知原复杂网络的结构也是不连通的, 从其他代数拓扑量也可以明显地看出这一点. 除去少部分特殊的孤立 0 阶单形以外, 大部分 0 阶单形都嵌入在其他 0 阶连通组件中, 那么 Q_0 的值一定比第二结构向量少很多, 因此 Q_0 不遵循指数分布, 但这并不影响 Q-向量整体的规律性.

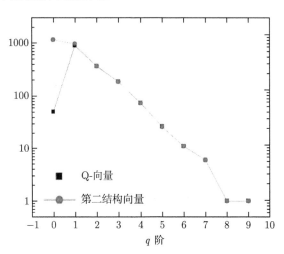

图 4.9　欧洲公路网络构建的邻域复形的 Q-向量 (第一结构向量) 和第二结构向量的数值变化

如图 4.10(a) 所示, 单形离心率 $P(\mathrm{ecc})$[25] 分布在离心率 $\mathrm{ecc} \approx 0.4$ 附近存在一个峰值. 因此, 由离心率的定义

$$\mathrm{ecc}(\sigma) = \frac{\hat{q} - \check{q}}{\hat{q} + 1}$$

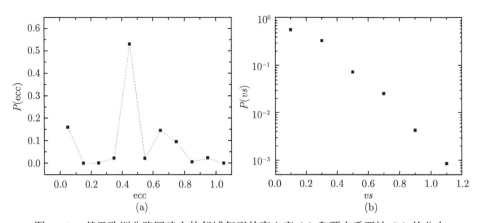

图 4.10　基于欧洲公路网建立的邻域复形的离心率 (a) 和顶点重要性 (b) 的分布

可知邻域复形中约有 55% 的单形其底 $\tilde{q}$ 和顶 $\hat{q}$ 之间的关系近似为 $\tilde{q} = (3\hat{q}-2)/5$, 其中底 $\tilde{q}$ 指单形与其他单形的最大公共面维度, 顶 $\hat{q}$ 指单形自身的维度. 另外, 离心率 ecc = 0 附近的峰值表明, 约 15% 的单形整体完全融入单形结构中, 即其他单形的面. 如图 4.10(b) 所示, 顶点重要性 $P(vs)$[25] 的分布近似呈现指数分布, 这也意味着 vs 遵循度分布的特征. 该结论与文献 [13] 和 [14] 中结果一致.

4.2.3 集团复形

我们使用 Bron-Kerbosch 算法[26] 得出欧洲公路网中所有极大集团, 并构建集团复形[27], 经计算, 该复形的 Q-向量和第二结构向量[24] 如图 4.11 所示. 因此, 由图 4.11 可知, 单纯复形的维数为 2, 这意味着网络中的最大集团是由 3 个节点组成的三角形. 在 1 阶和 2 阶处两个向量的值大致相同表明, 在 1 阶和 2 阶上, 单形之间的结构是断开的, 即每个连通组件都只包含一个单形, 任何两个单形之间都不共享超过两个顶点. 并且由于该单纯复形的阶数相当少, 因此拟合这些数据是没有意义的.

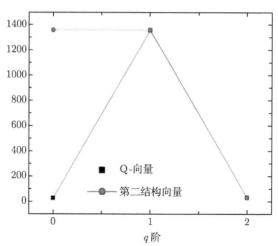

图 4.11 由欧洲公路网构建的集团复形其向量 (第一结构向量) 和第二结构向量的数值

如图 4.12(a) 所示, 集团复形的离心率[25] 分布 $P(\text{ecc})$ 出现了一个有趣的现象, 即在离心率 ecc ≈ 0.5 处出现一个峰值, 即几乎 96% 的单形的离心率 ecc ≈ 0.5. 因此由单纯复形离心率的定义可知, 几乎所有单形的最大共享面都恰好是其维数的一半. 如图 4.12(b) 所示, 顶点重要性 $P(vs)$[25] 的分布表现出近似指数形态. 回想构建集团复形的方式, 我们是由极大集团构成单形, 顶点重要性 vs 事实上指集团就顶点而言的重要性, 因此集团的重要性遵循指数分布.

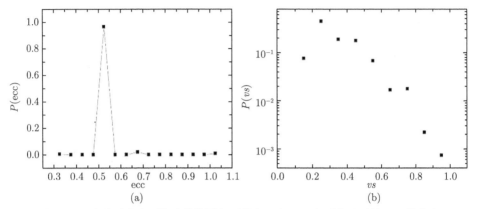

图 4.12 由欧洲公路网构造的集团复形的离心率 (a) 和顶点重要性 (b) 的分布

4.2.4 共轭集团复形

在上一节中, 我们分析了由欧洲公路网构造的集团复形. 下面将集团复形中集团和顶点的角色颠倒, 将集团看作顶点, 将顶点看作集团, 按照第 3 章的方法构造欧洲公路网的共轭集团复形. 如图 4.13 所示, 虽然 Q-向量和第二结构向量[24] 仍表现出指数形态, 但从 1 阶到 9 阶, 两个向量值都相等, 因此单形之间的结构是断开的, 即每个连通组件都只包含一个单形. 换句话说, 这意味着每个节点最多同时存在于两个或两个以下集团中.

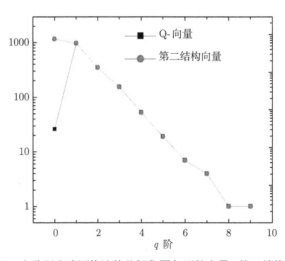

图 4.13 由欧洲公路网构造的共轭集团复形的向量 (第一结构向量) 和第二结构向量的数值变化

从图 4.14(a) 所示的离心率[25]$P(\mathrm{ecc})$ 的分布, 我们注意到 55% 以上的单形离心率 ecc ≈ 0.45, 而离心率为 ecc ≈ 0, ecc ≈ 0.65 和 ecc ≈ 0.75 的比例总共约为 42%. 如图 4.14(b) 所示, 顶点重要性 $P(vs)$[25] 的分布呈现近似指数形态, 尤其是在顶点重要性 $vs = 0.1$ 和 $vs = 1$ 之间. 回顾顶点重要性的定义, 顶点重要性度量了共轭集团复形中顶点所属单形的重要性, 对应地也就度量了原始网络中某一节点就所在集团而言的重要性, 因此, 原始网络中的节点就其所属集团而言的重要性服从指数分布.

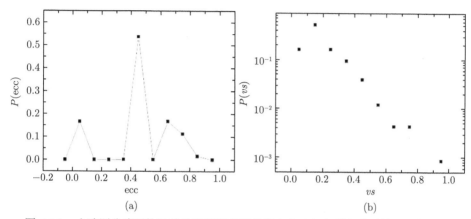

图 4.14 由欧洲公路网构造的共轭集团复形的离心率 (a) 和顶点重要性 (b) 的分布

4.2.5 组合拉普拉斯算子

这里我们只计算了集团复形的组合拉普拉斯算子[28] 的特征谱, 其实计算共轭集团复形和邻域复形的组合拉普拉斯特征谱也会得到许多有趣的结果. 为了图像化展示特征谱, 我们使用 Cauchy-Lorentz 核对谱密度进行卷积, 得到下面的密度函数

$$f(x) = \sum_i \frac{\gamma}{(\lambda_q^i - x)^2 + \gamma^2}$$

其中我们选取参数 $\gamma = 0.03$.

正如我们在第 2 章中提到的, 0 维组合拉普拉斯算子的特征谱实际上是图拉普拉斯算子. 我们从欧洲公路网构建集团复形, 这些集团聚集成网络的子结构. 建立图拉普拉斯矩阵和高阶组合拉普拉斯矩阵之间的某种关系实际上建立了原始网络和嵌入介观结构之间的关系. 因此, 对比图拉普拉斯特征谱和高阶组合拉普拉斯特征谱并建立它们之间的潜在联系具有重要意义.

集团复形

图 4.15(a) 给出了第 0 个组合拉普拉斯算子的特征谱图, 即图拉普拉斯算子, 观察可知特征值 $\lambda_1 = 0, \lambda_2 = 1, \lambda_3 = 2, \lambda_4 = 3$. 虽然从图中看不是很明显, 但是特征值 $\lambda_1 = 0$ 的重数大于 1, 这意味着网络结构是断开的. 这一结论与 4.2.2-4.2.4 节中我们通过计算邻域复形、集团复形、共轭集团复形的 Q-向量得到的结果一致, 同时也意味着 0 阶贝蒂数 $\beta_0 > 0$. 观察图 4.15(b) 中第 1 个组合拉普拉斯矩阵的谱图, 首先, 我们注意到特征值 $\lambda_1 = 0$ 时特征谱很大, 1 阶贝蒂数 $\beta_1 = 237$ 意味着网络中有 237 个 1 维孔. 其次, 还能观察到 $\lambda_2 = 1, \lambda_3 = 2$ 和 $\lambda_4 = 3$ 这三个特征值同时出现在图拉普拉斯谱和 1 阶拉普拉斯谱中. 如果仅考虑图拉普拉斯特征谱不足以了解这两个特征值的来源, 我们进一步研究第 2 个组合拉普拉斯谱. 如图 4.16 所示, 在第 2 个组合拉普拉斯特征谱中出现了 $\lambda_3 = 2, \lambda_4 = 3, \lambda_5 = 4$ 特征值峰, 这表明在图拉普拉斯谱中特征值 $\lambda_3 = 2$ 和 $\lambda_4 = 3$(图 4.15(a)) 可能与高阶组合拉普拉斯所捕获的复杂网络的高阶结构有关. 我们注意到在高阶组合拉普拉斯特征谱中特征值 $\lambda_4 = 3$ 格外显著, 而在图拉普拉斯特征谱中没有类似的特征. 回想一下单个 q-单形的特征值等于该单形的顶点数, 即 $q + 1$. 然后对比图 2.19 的特征谱示例, 我们可以推断出特征值 $\lambda_4 = 3$ 的持续性源于一个 3-集团, 即 2-单形, 而且该单形与其他单形重叠度较低.

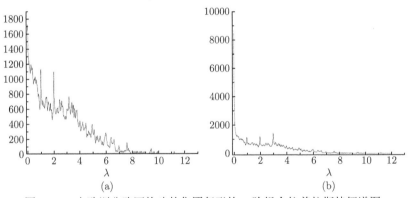

图 4.15　由欧洲公路网构建的集团复形的 q 阶组合拉普拉斯特征谱图,
其中 (a) $q = 0$, (b) $q = 1$

从图 4.15 和图 4.16 中可以注意到, 组合拉普拉斯算子谱中还出现了许多其他不同的特征值, 而我们只分析了其中很少的特征值. 由于我们更多的是关注组合拉普拉斯算子应用的多样性, 因此深入分析组合拉普拉斯谱超出了本书讨论的范围.

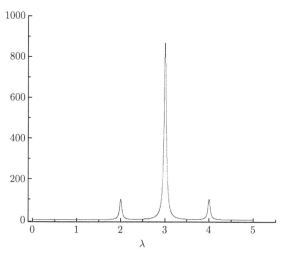

图 4.16   由欧洲公路网构造的集团复形的 2 阶组合拉普拉斯特征谱

共轭集团复形

下面我们研究欧洲公路网的共轭集团复形的组合拉普拉斯算子谱, 从而充分应用代数拓扑工具分析网络对象. 为了便于分析, 让我们回顾两个事实. 第一, 共轭集团复形是将原始网络中的城市看作单形, 集团看作顶点, 因此在共轭集团复形中某一单形就对应着原始网络中某一城市, 构成该单形的一组顶点就对应着原始网络中所有包含该城市的集团, 换句话说, 一个单形就对应着一组集团的完整图. 当两个城市属于同一个集团时, 两个城市对应的两个单形就共享面. 第二, 由上一节如图 4.13 的结构向量计算结果可知, 欧洲公路网构造的共轭单纯复形的最大维数为 9, 即至少存在一个 9-单形对应着原始网络中的 10 个集团.

图 4.17 ~ 图 4.20 分别给出 0 维到 7 维的组合拉普拉斯谱图, 由于更高维谱图只有一个特征值 $\lambda = 10$, 因此省略了更高维的谱图. 在图 4.17(a) 和 (b) 中, 我们注意到有特征值 $\lambda = 0$, 这意味着 0 阶和 1 阶贝蒂数是非零的, 即在 0 维和 1 维上单纯复形存在洞, 但在更高维上没有空洞. 进一步观察所有的图, 我们可以注意到, 随着维数的增加, 重数最大的特征值逐渐向右移动, 更具体地说, 特征值 $\lambda = 10$ 逐渐占据主导地位. 这一特征值 $\lambda = 10$ 源于原始网络中的 10 个集团都包含的一个城市, 即枢纽城市. 与此同时, 我们还可以注意到有些在高维拉普拉斯谱中出现的特征值, 它们在 0 维组合拉普拉斯谱中没有出现, 或者说这些特征值被掩盖了. 此外, 特征值 $\lambda = 3, 4, 5, 6, 7, 8, 10$ 在 1 维组合拉普拉斯算子谱中出现, 但随着维数的增加, 其中较小的特征值逐渐消失.

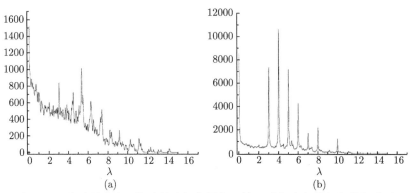

图 4.17 由欧洲公路网构造的共轭集团复形的 q 阶组合拉普拉斯特征谱图，其中 (a)$q=0$, (b)$q=1$

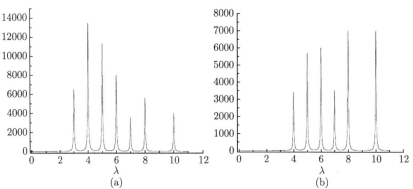

图 4.18 由欧洲公路网构造的共轭集团复形的 q 阶组合拉普拉斯特征谱图，其中 (a)$q=2$, (b)$q=3$

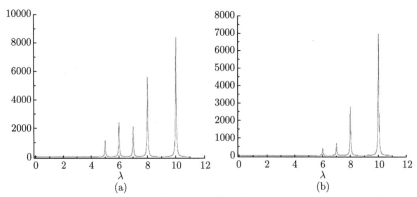

图 4.19 由欧洲公路网构造的共轭集团复形的 q 阶组合拉普拉斯特征谱图，其中 (a)$q=4$, (b)$q=5$

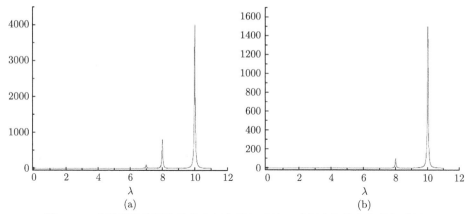

图 4.20　由欧洲公路网构造的共轭集团复形的 q 阶组合拉普拉斯特征谱图,
其中 (a)$q = 6$, (b)$q = 7$

4.2.6　小结

本节我们针对现实中的欧洲公路网给出了许多有趣的结果以及相应的性质分析. 在第 3 章中已经介绍了由复杂网络中构建单纯复形的几种方法, 因此本节我们基于这些方法构造了欧洲公路网的邻域复形、集团复形和共轭集团复形, 探讨这些方法的实际应用.

虽然本节针对欧洲公路网的分析并不全面, 但我们仍能从中得到一些有趣的结论. Q-向量和第二结构向量在 q 阶上的分布, 以及邻域复形和共轭集团复形的顶点重要性分布都表现出统计不变量, 即它们关于 q 阶的分布都与该网络的度分布相符合[13,14]. 根据离心率分布, 我们可以观察到离心率分布的峰值及相应的离心率值, 其中离心率是由公共面的最大维度和单形维度定义的, 由此可以得到每个特定情况下单纯复形中最大公共面维度与其自身维度之间的关系.

我们通过分析指出高阶组合拉普拉斯算子的重要性, 并实证说明了各阶组合拉普拉斯算子谱中特征值的内在联系[15,16]. 进一步分析发现, 图拉普拉斯谱中某些特征值事实上是源自复杂网络节点的高阶聚集结构, 因此仅通过图拉普拉斯算子谱尚不足以充分理解复杂网络的结构性质. 此外, 我们还计算分析了共轭集团复形的高阶组合拉普拉斯算子谱.

综上所述, 本节通过欧洲公路网的示例, 演示了如何应用同一个工具分析同一复杂网络构造的三种单纯复形, 即邻域复形、集团复形和共轭集团复形.

推荐练习

1. 从 http://snap.stanford.edu/data/或 http://vlado.fmf.uni-lj.si/pub/net-works/data/ 下载一个复杂网络. 基于该复杂网络, 利用 Bron-Kerbosch 算法, 构

建其邻域复形和集团复形. 仿照 4.2 节中的步骤分析所得到的结果, 并与 4.2 节的结果分析做对比, 重点关注与度分布的对比关系.

2. 选定一个网络, 计算 4.2 节介绍的度量方法.

3. 根据某一概率随机建立单形与顶点之间的关系, 构建随机单纯复形, 类似地分析该单纯复形.

4. 计算社会学领域的读者可以通过问卷调查, 构建相关的单纯复形并分析相应的结果.

4.3 相空间中的拓扑性质

虽然我们鼓励想要深入学习的读者阅读本节的内容, 但本节主要是面向两类读者群体, 即需要进阶知识背景以研究更深入问题的读者和对动力系统领域研究感兴趣的读者. 对于后者来说, 本节的内容可以作为目前已有研究的补充.

在前两节我们给出了应用单纯复形的案例, 其中假设数据集 (例如复杂网络结果) 是给定的, 可以由这个数据集直接构建单纯复形. 具体来说, 在观点模型中, 观点和特征分别对应单形和顶点, 而在从复杂网络构建的单纯复形中顶点对应网络节点. 然后我们应用不同的方法标准将网络节点的聚合视作单形. 而接下来, 我们将讨论不是直接从数据集构建, 而是通过一个中间步骤来构建单纯复形.

在第 3 章中, 我们介绍了由时间序列构建单纯复形的方法, 该方法也是重构动力系统相空间的方法之一. 本节我们将应用文献 [29] 中的研究方法来说明单纯复形能够捕获动力学系统相空间的拓扑结构. 为了使该方法更易于理解, 我们将从已知动力系统的时间序列构建单纯复形说起.

4.3.1 Ikeda 映射

首先, 我们研究一个二维混沌动力系统, 即 Ikeda 映射[30,31]

$$x_{i+1} = 1 + u(x_i \cos t_i - y_i \sin t_i)$$

$$y_{i+1} = u(x_i \sin t_i + y_i \cos t_i)$$

(4.1)

其中

$$t_i = 0.4 - \frac{6}{1 + x_i^2 + y_i^2}$$

且 u 是一个参数. 虽然该系统方程形式与原始的 Ikeda 系统略有不同, 但它们的动力学行为都是相同的. 当选取参数 $u \geqslant 0.6$ 时, 如图 4.21 所示, Ikeda 系统表现出具有奇异吸引子特征的混沌状态. 值得注意的是, Ikeda 系统是二维的, 因此通过观察能发现该系统不包含任何拓扑意义上的洞.

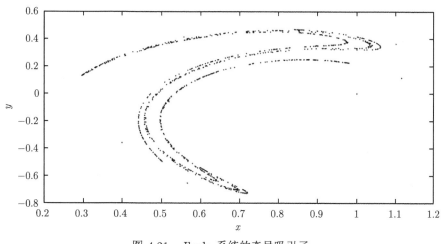

图 4.21　Ikeda 系统的奇异吸引子

当参数 $u = 0.6$ 时, Ikeda 系统在 x 分量上的时间序列如图 4.22 所示. 我们将采用第 3 章中介绍的方法重构该时间序列.

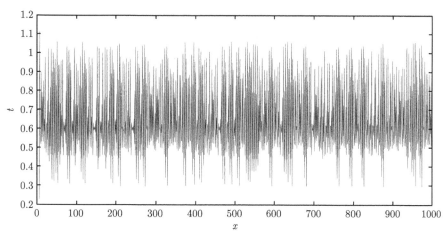

图 4.22　Ikeda 系统的 x 分量时间序列

4.3.2 Rössler 系统

在动力系统研究中, Rössler 系统是最常用的参考模型之一[32]:

$$\dot{x} = -(y + z)$$

$$\dot{y} = x + ay \qquad (4.2)$$

$$\dot{z} = b + xz - cz$$

其中 a, b, c 为常数. 固定参数 a 和 b, 如 $a = b = 0.2$, 对于不同的参数值 c, Rössler 系统动力学轨迹明显不同. 因此, 我们调整参数 c 使其相空间呈现特定类型的吸引子. 例如, 当参数 $c = 6.3$ 时, Rössler 系统表现出如图 4.23 所示的混沌吸引子. 观察该图可以发现, 三维 Rössler 系统的奇异吸引子具有一个空洞特征.

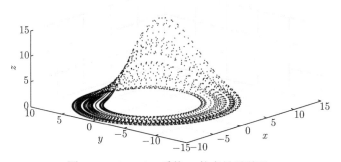

图 4.23　Rössler 系统 x 的奇异吸引子

与 Ikeda 映射的例子一样, 我们应用第 3 章中介绍的方法, 从其单个分量的时间序列入手, 重构 Rössler 系统的拓扑结构, 或者更准确地说是该系统拓扑结构的同调结构. 这里给出了 Rössler 系统的 x 分量时间序列, 如图 4.24 所示.

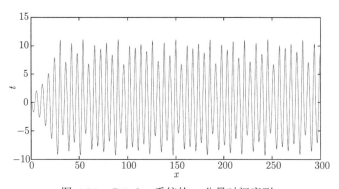

图 4.24　Rössler 系统的 x 分量时间序列

4.3.3 数据收缩

观察图 4.23 我们发现, 若直接由动力系统相空间中的点构建单纯复形将会产生大量单纯复形. 此外, 我们通常需要通过增加半径过滤 Čech 复形, 而过滤过程将会增加以数据点为圆心的小球之间的重叠程度, 从而形成许多高维单形[33]. 这两个因素导致构建动力系统的单纯复形的计算量十分巨大, 从而使得单纯复形方法难以得到运用, 所以我们首先需要对数据进行粗粒化操作[34]. 这里我们采用如下粗粒化方法, 以简化计算和缩短计算时间, 同时保存相空间的结构信息[29].

(1) 将相空间中 $10 \sim 15$ 个原始数据点为一组替换为包含这些原始数据点集的最小欧几里得球的中心点. 被替换数据点的具体数目取决于它们在相空间中的分布和密度情况.

(2) 再由替换的新数据集构建 Čech 复形并执行过滤过程. 回想一下构建 Čech 复形的原理, 以每个节点为球心构造半径相同的球, 若存在 $q + 1$ 个节点的球有公共交点, 则我们在这 $q + 1$ 个节点中添加一个 q 维单形. 同时, 正如我们在第 3 章中强调的, 根据神经引理可知 Čech 复形与原始动力系统潜在的拓扑空间同调, 即具有相同的拓扑特征[35].

验证新的数据点是否继承了原始数据点的拓扑特征属性的一个方法是计算关联和[36]. 这里我们不讨论关联和的定义和背景, 而只是通过计算关联和获取有用的信息. 具体地说, 由于奇异吸引子的分形特性, 我们希望对于某个混沌系统来说, 原始数据和新数据 (粗粒化后的数据) 的关联和具有相同尺度的缩放行为. 对于 d 维空间中 N 个数据点 $\vec{x}_1, \vec{x}_2, \cdots, \vec{x}_N$, 其关联和定义为[36]

$$C_d(l) = \lim_{N \to \infty} \frac{1}{N^2} \sum_{i \neq j} \Theta(l - |\vec{x}_i - \vec{x}_j|)$$

其中 $\Theta(\cdot)$ 是 Heaviside 函数. 当数据量无穷大且 l 很小时, 关联和具有如下尺度特征 $C(l) \sim l^D$, 其中 D 即为关联维度.

4.3.4 相空间的持续同调性

通过粗粒化我们得到了一组新数据, 在对新数据构建 Čech 复形之前, 先将相空间重构的延迟时间参数 τ 确定为平均互信息的第一个最小值[37]. 确定延迟参数 τ 后, 数据点就转化为 m 维向量, 其中 $m = 2, 3, 4$, 也就是将动力系统的状态向量映射到重构空间中的一点. 这样, 我们借助粗粒化的方法和 Čech 复形过滤来计算 Ikeda 系统和 Rössler 系统的持续同调性.

回忆构建 Čech 复形的过程. 对于给定的数据点, 我们以其为球心画球, 增加球的半径会使得球之间有重叠部分, 这时就会形成洞结构. 洞直观上可以理解为不能到达的岛屿, 或是不能跨越的障碍. 随着半径进一步增大, 洞结构可能继续存在, 也可能会消失. 半径逐渐增加的过程中, 持续存在的洞揭示了具有鲁棒结构的非边界循环点集. 持续存在的洞是永久障碍的标志, 短暂存在的洞对应的相空间的子空间可以解释为暂时不可访问. 进一步增加半径, 我们就可以剔除拓扑噪声, 即这些短暂存在的拓扑特征, 从而保留显著的、持续存在的和重要的拓扑特征.

应用持续同调方法研究非线性动力系统的拓扑特征, 还需要考虑到一个参数, 即嵌入维度. 同调群生成元, 即贝蒂数是由相空间中以数据为球心的球半径 r 和足够重构吸引子的嵌入维度这两个参数决定的. 当半径 r 很小时, 由数据点构建的 Čech 复形可能会是离散集, 而当 r 相当大时, 这时的复形是一个单一复形. 然而, 这可能会误导人们尝试选择最优的半径 r, 而这样的半径值也与确定洞的数量及类型不甚相关. 因此, 我们感兴趣的是包含显著意义的洞结构的同调群, 这些洞不仅跨越最大的半径间隔, 并且在某一最小嵌入维度上有着显著的持续性. 如果在更高的嵌入维度上仍存在这样的持续性, 那么我们不仅确定了长期存在的重要的拓扑特征, 而且还确定了这些显著的拓扑特征出现时的最小嵌入维度. 持续图可以便捷地揭示同调群生成元的持续性, 因此我们后面将使用持续图而不是使用持续条码图来进行分析. 回想一下, 在持续图中纵坐标对应着同调群生成元消失时的半径值 r_d, 而横坐标对应着同调群生成元诞生时的半径值 r_b, 因此, 持续图中某一点的坐标表示 q 维同调群中某一个同调群生成元 (即 q 维洞) 的诞生和消失. 持续图中对角线上或附近的点就表示了拓扑噪声, 即对应着短暂存在的 q 维洞[38].

我们已经知道 Ikeda 系统的奇异吸引子中不包含洞, 因此当应用 Čech 复形过滤时, 我们应该不会发现任何持续存在的洞结构. 图 4.25 ~ 图 4.27 分别表示一阶同调群 HQ_q 嵌入在 2, 3, 4 维相空间中的拓扑持续图. 观察该图可以发现与预期一致的结论, 也就是说, Ikeda 系统对应的单纯复形中出现了许多拓扑噪声, 即短暂存在的同调群生成元. 由图 4.25 ~ 图 4.27 可知, 对于不同的嵌入维度, 观察的结果与预期的结论都保持一致. 虽然在 2 维相空间中 1-洞的持续时间比嵌入在 3 维和 4 维相空间中 1-洞的持续时间要长, 但它仍不足以逃脱拓扑噪声的作用. 综合图 4.25 ~ 图 4.27 可得重要的结论, 即使增加嵌入维度, Ikeda 系统的拓扑结构中都存在着拓扑噪声并且缺乏持续存在的同调群生成元, 虽然嵌入维度不同, 但它们反映的定性结论都一样. 当然, 我们也就知道这里嵌入维数 2 就是这个最小维度.

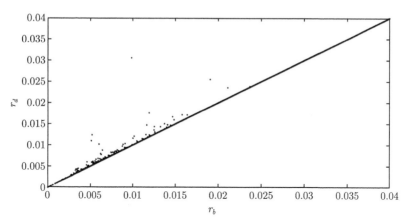

图 4.25 Ikeda 映射嵌入在 2 维相空间上的同调群 HQ_q 的持续图

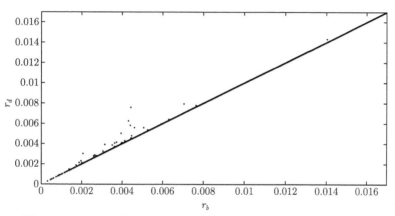

图 4.26 Ikeda 映射嵌入在 3 维相空间上的同调群 HQ_q 的持续图

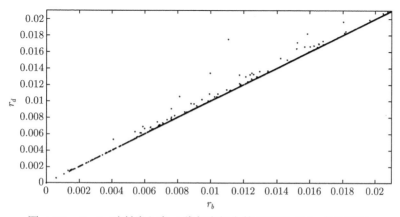

图 4.27 Ikeda 映射嵌入在 4 维相空间上的同调群 HQ_q 的持续图

　　现在我们检查一下 Rössler 系统是否也存在类似的现象. 正如前面指出的那样, 图 4.23 所示 Rössler 系统的奇异吸引子存在一个洞结构, 因此我们期望持续图也会显示出一个持续存在的洞. 图 4.28 ∼ 图 4.30 分别给出了 1 阶同调群生成元在 2, 3, 4 维相空间中的持续图. 如图 4.28 所示, 持续图在嵌入维度为 2 时, 存在一个 1 阶同调群生成元, 即洞结构持续存在. 当嵌入维度增加到 3(图 4.29) 和 4(图 4.30) 时, 该同调群生成元仍长期存在, 即它不仅在过滤过程中长期存在, 而且随着嵌入维度增加, 也始终存在. 基于实际的考虑, 这里洞结构的消失数值是任意选定的, 毕竟它在持续同调性分析中是趋向无限的. 综合以上结果, 我们可以发现基于相空间构建单纯复形保持了原始动力系统的拓扑结构.

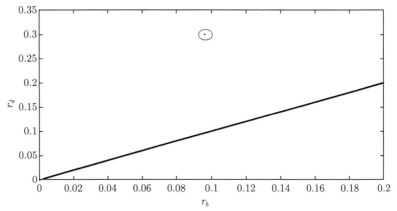

图 4.28　Rössler 系统嵌入在 2 维相空间上的同调群 HQ_q 的持续图,
其中持续同调群由圆形标记圈出

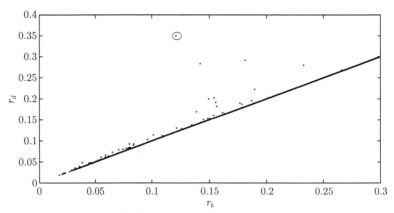

图 4.29　Rössler 系统嵌入在 3 维相空间上的同调群 HQ_q 的持续图,
其中持续同调群由圆形标记圈出

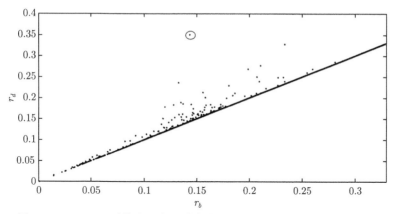

图 4.30 Rössler 系统嵌入在 4 维相空间上的同调群 HQ_q 的持续图，
其中持续同调群由圆形标记圈出

4.3.5 小结

在本节我们展示了若将数据嵌入到不同维度的相空间中，拓扑性质是保持不变的. 我们有目的地选择了两个典型动力系统来举例说明两类不同的情况，其中 Ikeda 系统不存在持续同调群生成元，而 Rössler 系统的吸引子表现为一个 1 维洞，因此由其持续图可见 1 维同调群生成元的持续性. 需要指出的是，与文献 [34] 和 [29] 中的结果类似，即使在低嵌入维度上我们也能观察到上述特征. 事实上，其原因在于相对于相空间延迟重构要求微分同胚，持续同调重构要保持拓扑特征只要求拓扑同胚. 例如，Rössler 系统的宏观拓扑特征是一个洞，因此即使在嵌入维数为 2 的相空间中这个洞的特征也十分明显. 虽然在第 3 章我们没有强调粗粒化方法的便利之处和必要性，但事实上先对数据进行粗粒化再构建单纯复形可以在保证计算结果准确的同时有效减少计算量.

本节我们只计算了 1 阶持续同调性，读者可能会好奇 0, 2 和 3 阶持续同调性会得到怎样的结论. 然而，为了避免混乱和重复展示大量结果，我们就没有给出 0, 2 和 3 阶持续同调群生成元的结果，虽然不得不说它们也展现出了有趣的动力学行为[29].

推荐练习

1. 改变 Ikeda 和 Rössler 系统的参数，研究当系统不处于混沌状态时系统在相空间中的持续同调性，并与本节结果相比较.

2. 研究其他已知的动力系统，如 Hénon 映射或 Lorenz 系统，改变参数，应用本节介绍的方法比较系统在混沌状态、非混沌状态和在分岔点位置的持续同调性. 这些结果有什么共同之处呢？

3. 动力系统领域, 特别是动力系统应用领域的读者可以应用本节介绍的方法试着分析实验或观察所得的时间序列.

4.4 时间序列的代数拓扑描述

在本节中, 我们将介绍基于时间序列的可视图所构建的单纯复形的结构性质, 特别是邻域复形. 由时间序列转换到可视图实际就是时间序列数据点对应的竖条中能否从其顶部看到其他数据点, 基于它构建邻域复形. 本节我们将基于文献 [39] 提出的方法, 由可视图构建单纯复形, 并给出对应的 Rössler 系统的结果[32]. 上一节只考虑了 Rössler 系统的混沌状态, 本节中为了比较结果, 我们还将考虑该系统的非混沌状态, 因此本节也可以作为上一节的拓展内容. 此外, 参考文献 [40], 本节将借助 Q 分析得到新的度量指标, 从而拓展本书介绍的概念, 并导出新的概念.

4.4.1 Rössler 系统的状态分类

如 4.3.2 节中所介绍的, Rössler 系统是由如下微分方程定义的:

$$
\begin{aligned}
\dot{x} &= -(y + z) \\
\dot{y} &= x + ay \\
\dot{z} &= b + xz - cz
\end{aligned}
\tag{4.3}
$$

其中 a, b, c 是常数. 固定参数 a 和 b 的值为 $a = b = 0.2$, 改变参数 c 的值. 为了便于考虑, 我们选取四个不同的参数值, 以研究对应系统四种不同状态下的时间序列及其可视图. 不同参数 c 的值对应着动力系统相空间中吸引子的不同形状. 具体而言, 当 $c = 2.3$ 时, 吸引子的形状是一个极限环; 当 $c = 3.3$ 时, 吸引子的形状是周期为二的极限环; 当 $c = 5.3$ 时, 吸引子的形状是周期为三的极限环; 当 $c = 6.3$ 时, 吸引子的形状如上一节所示是奇异吸引子. 图 4.31(a)~(d) 分别表示为 Rössler 系统在参数 $c = 2.3, c = 3.3, c = 5.3, c = 6.3$ 时的时间序列和相空间吸引子形状. 由图我们可以明显看出, 随着参数 c 的增加, 相空间吸引子的复杂度也逐渐增加.

4.4.2 可视图的邻域复形

本节将会介绍一些新的科学发现, 但不是为了罗列这些研究成果, 而是以 Rössler 系统为例引导读者如何应用可视图方法以及基于此的单纯复形分析[41]. 本节的结果会表明对于从时间序列中获得的可视图 (复杂网络), 其单纯复形表示有助于区分不同的结构情况. 考虑到计算复杂度, 我们只根据每个时间序列后

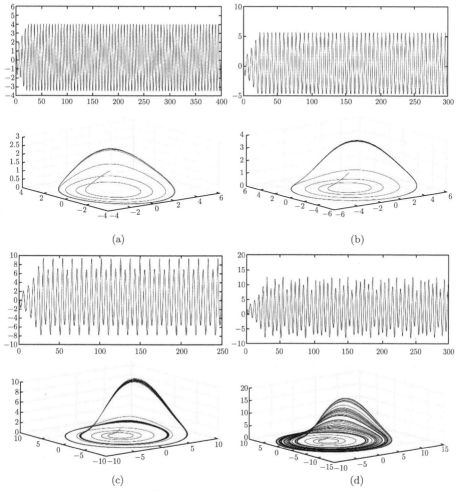

图 4.31 Rössler 系统在不同参数 c 下的状态, (a) $c = 2.3$, (b) $c = 3.3$,
(c) $c = 5.3$, (d) $c = 6.3$

20% 的数据构建可视图, 并分析相应的邻域复形. 即使只考虑后 20% 的数据, 相空间的吸引子特征仍然相同, 因此该限制不会改变最终的结果和性质判断.

对于 Rössler 系统在对应上述参数的时间序列, 分别应用 3.3.2 节介绍的方法构建可视图, 然后计算每个邻域复形的 Q-向量. 图 4.32 给出了该系统四个状态下对应的单纯复形的 Q-向量. 从图中可以看出, 随着参数 c 的增大, 单纯复形的最大维数也在增大, 同时, Q-向量中更大的数值整体上左移, 特别是连通集团最多的 q-层级左移明显.

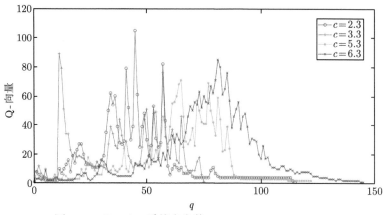

图 4.32 Rössler 系统在参数 $c = 2.3$, $c = 3.3$, $c = 5.3$, $c = 6.3$ 时基于可视图的邻域复形的 Q-向量

在 2.2.2 节中我们介绍了 Q-向量, 还给出了一系列单纯复形的度量. 对于不同参数下的 Rössler 系统时间序列的邻域复形, 我们将介绍另一个 Q 分析度量, 即单纯复形结构复杂度 $\Psi(K)$, 来量化不同参数下的系统状态.

$$\Psi(K) = \frac{2}{(D+1)(D+2)} \sum_{i=0}^{D} (i+1) Q_i$$

其中 D 为单纯复形的最大维度, Q_i 为 Q-向量的第 i 项. 计算可得, $\Phi_{2.3} = 36.98$, $\Phi_{3.3} = 28.36$, $\Phi_{5.3} = 24.21$, $\Phi_{6.3} = 25.44$. 简单分析结果可知, 随着参数值 c 的增加, 单纯复形的结构复杂度逐渐降低, 直至出现混沌状态时, 单纯复形的结构复杂度增加. 这一结论看起来有些奇怪, 但它揭示了结构复杂度与参数 c 之间的关系. 尽管单纯复形结构复杂度确实遵循某种规律, 但由于可视图是截断某一部分的时间序列构造的, 因此相同的时间但不同的截断方法可能会得到不同的结果.

为了更彻底地分析由可视图得到的单纯复形在结构复杂度上的差异, 我们可以计算从 Q 分析 (当然不限于 Q 分析) 导出的另外一个量, 即多级积分熵[40]. 第一多级积分熵定义为

$$HQ_q = -\log_2 \frac{1}{Q_q}$$

其中 Q_q 指 q-级的连通集团数, 即 Q-向量的第 q 项. 它量化了寻找 q-连通类的不确定性, 或者对于 q-连通的单形集合的不可区分性, 以及相应地, 数据中对应 q-连通的元素组的集合的不可区分性. 第二多级积分熵的定义为

$$H_q = -\sum_{i=1}^{Q_q} \frac{m_q^i}{n_q} \log_2 \frac{m_q^i}{n_q}$$

其中 m_q^i 是第 i 个连通类中 q 维单形的数量, n_q 是 q 维单形的总数. 这个多级积分熵量化了在 q-级上找到一个单形的不确定性, 或者换句话说, q-级上的单形的不可区分性. 注意, 两个多级积分熵都是矢量, 且其长度和 Q-向量一样.

图 4.33 和图 4.34 分别给出了多级积分熵 HQ_q 和 H_q 的计算结果. 由第一多级积分熵 HQ_q 的定义可知, 其计算与 Q-向量有着直接关系, 用于度量 q 阶连通类的不可区分性. 第二多级积分熵度量了 q 阶单形的不可区分性. 虽然从定义来看, 第二多级积分熵 H_q 与 Q-向量没有直接的关系, 但由于 q 阶连通分量个数与 q-单形个数一般是正相关的, 因此如图 4.33 和图 4.34 所示, HQ_q 和 H_q 与图 4.32 所示的 Q-向量的变化趋势大致相同, 但对比看来 H_q 与 Q-向量的差异较为明显. 如图 4.31 所示, 当参数 $c = 2.3$, $c = 3.3$, $c = 5.3$ 时 Rössler 系统不是混沌系统, 其时间序列呈现周期特征, 因此由该时间序列形成的可视图有大量类似的连接结

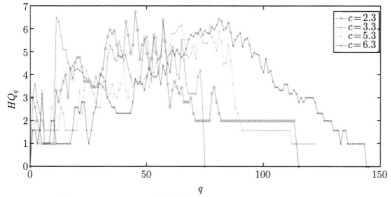

图 4.33　Rössler 系统在参数 $c = 2.3$, $c = 3.3$, $c = 5.3$, $c = 6.3$ 时基于可视图的邻域复形的多级积分熵 HQ_q

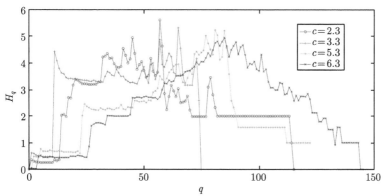

图 4.34　Rössler 系统在参数 $c = 2.3$, $c = 3.3$, $c = 5.3$, $c = 6.3$ 时基于可视图的邻域复形的多级积分熵 H_q

构, 对应到可视图构造的邻域复形上就会发现在靠近该单纯复形维度的附近, q-连通类的数量较多. 如图 4.33 和图 4.34 所示, 两个多级积分熵 HQ_q 和 H_q 在高维数, 即接近于单纯复形维数时, 会出现显著的变化. 而当参数 $c = 6.3$, Rössler 系统处于混沌状态, 且维数等于单纯复形维度时, 多级积分熵值等于零. 其原因可能在于混沌系统的随机不确定性使得具有相同结构的单形不多, 因此当维数等于单纯复形维度时, 只有一个 q 阶连通类.

4.4.3　注记

虽然本节可以看作上一节的拓展, 即代数拓扑在复杂动力系统中的应用, 但事实上这部分的内容应该在更一般的背景下来理解. 具体而言, 构造可视图及其单纯复形的方法不限于与动力系统相关的时间序列, 也可以处理一般的时间序列. 在许多研究领域以及数据分析中, 时间序列是研究系统的首要甚至是唯一的信息来源. 因此, 我们可以应用可视图方法构造时间序列的单纯复形, 以揭示系统潜在的拓扑结构, 从而克服系统的不确定性和预测系统未来的变化趋势.

随着实验结果的分析讨论, 本节引入了新的度量来量化单纯复形的复杂度, 也就是量化了原始时间序列的复杂度.

推荐练习

1. 以一个动态系统, 如 Hénon 映射或 Lorenz 系统为例, 选择不同的参数值生成不同动力状态的时间序列. 利用可视图构造邻域复形, 采用本节的方法作类似分析, 并将得到的结果与 Rössler 系统的结果作对比. 当这个系统处于混沌状态时, 其度量矢量即 Q-向量和多级积分熵的变化趋势是否和本节结果相同?

2. 对于本节介绍的 Rössler 系统时间序列, 构造其集团复形, 并计算其 Q-向量和多级积分熵, 将所得结果与本节的结果作比较.

3. 金融经济学领域的读者可以研究证券交易所中股票价格的时间序列. 对每只股票的时间序列构造可视图及其单纯复形, 例如邻域复形或集团复形, 再计算它们的 Q-向量和多级积分熵. 比较这些股票的度量, 看看这些股票公司是否聚类到它们所属的行业?

4.5　逾渗和同调性

本节将重点讨论复杂网络的结构变化对其同调性的影响, 这主要体现在贝蒂数的变化. 本节提出的思想主要基于文献 [42], 其中主要研究了复杂网络的鲁棒性, 以及复杂网络故障时可能具有的同调特征. 考虑到本书的主要目的是介绍代数拓扑的应用, 我们将简略介绍相关概念和方法, 而把重点放在介绍一般化的应用上. 本节首先介绍一种特殊的复杂网络模型, 该模型能够反映真实复杂网络的主要特性. 其次, 介绍逾渗理论的重要性质, 以及若干网络节点删除策略. 最后给出相应的仿真实验和结果分析.

4.5.1 广义随机网络

在绪论中我们介绍了主要的复杂网络模型, 在 3.1 节中又介绍了复杂网络的基本结构和统计量. 我们知道复杂网络的主要特征之一是度分布, 即节点与其他节点连接数的概率分布, 并且大多数现实网络的度分布都服从幂律分布, 即

$$P(k) = Ak^{-\gamma}$$

其中 A 为常数, γ 为幂律分布的指数. Barabási-Albert 无标度网络模型的度分布就服从幂律分布[43]. 在这个模型中, 指数 γ 是一个固定值 ($\gamma = 3$), 然而现实中即使很多网络服从幂律分布, 但它们的指数各有不同, 因此这个模型不能描述各种现实网络[21]. 而随机网络模型通常在现实中较少碰到, 因为其度分布服从泊松度分布.

综合以上这两种模型, 人们提出了广义随机图模型, 即其度分布是任意选定的但相对固定, 而其他特征则是随机的. 具体而言, 选取固定指数的幂律分布, 随机连接网络中的两个节点使得网络的度分布服从给定的度分布. 因此, 通过改变参数 γ, 我们可以得到一组无标度网络序列, 再通过观察它们的性质变化我们可以了解服从幂律分布的现实网络的特征.

这里我们选取指数 $\gamma = 2.3, 2.75, 3, 4.5$ 分别构造四个广义随机网络, 其节点数 $N = 1000$. 特别地, 指数 $\gamma = 3$ 时, 所构造的网络就是 Barabási-Albert 无标度网络模型. 如图 4.35 所示, 这四个网络的度分布的斜率有显著差异, 即斜率随着指数的增加而减小.

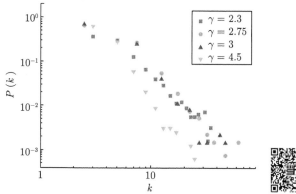

图 4.35 四个服从幂律分布的广义随机网络的度分布, 其中指数分别为 2.3, 2.75, 3 和 4.5

4.5.2 逾渗与复杂网络

逾渗理论源自统计物理领域, 是研究无序和随机系统结构变化的有效工具[44]. 本节基于逾渗理论构建网络模型的思路很简单, 即删除系统的元素或删除复杂网络的节点或连边. 具体而言, 对于一个节点数为 N 的网络, 我们以概率 p 删除节点, 则网络中的节点可以分为两种状态: 占用或空闲 (删除), 那么相应的 $N(1-p)$ 个节点会被占用, pN 个节点则被删除. 调整参数 p 会使得相应的网络结构产生一些有趣的现象. 很显然, 当 p 逐渐增大, 一定比例的节点被移除后, 网络将停止工作并失去其原本的功能. 需要注意的是, 我们不只关注被删除的节点, 有时也研究保留的节点. 例如, 在流言传播模型中, 若某人相信了这个流言, 则对应网络中的节点可以看作被占用, 相应地, 若有多个人相信了该流言, 则网络中相应的节点就都被占用了.

由于在复杂网络中活跃节点是网络正常运转的关键, 因此我们可以把网络节点删除看作逾渗机制的表现, 关注剩余网络节点的功能变化. 通常这些连通的剩余节点被称为群组或者连通集团. 我们可能发现当调整概率 p 穿越某一临界值时, 网络会发生显著的变化. 我们称该临界值为逾渗阈值 p_c, 即在调整概率 p 的过程中, 网络中巨型连通集团首次消失时的临界概率. 简单而言就是, 当移除概率小于 p_c, 即移除节点数量较少时, 网络中仍有大量节点连接在巨型连通集团中; 而当移除概率超过逾渗阈值 p_c 时, 巨型连通集团就消失了. 巨型连通集团的存在在一定程度上预示了网络功能的正常运转, 因此临界概率 p_c 与网络的鲁棒性密切相关.

由于逾渗理论可以很好地模拟节点去除对系统的影响, 因此我们可以应用逾渗理论建模现实系统, 并探究系统的一部分缺失对整体系统的影响. 在现实复杂网络中, 网络节点可能会随机出现故障或遭到恶意攻击. 例如, 由于天气等自然原因, 电力网络或公共交通网络中的一些节点可能会停止工作, 从而切断该节点与网络其他部分的连接. 当这类网络遭遇极端天气, 随机故障发生的概率达到一定值或某些关键的节点发生故障时, 就可能导致灾难性的后果, 甚至使得整个网络崩溃. 另外, 黑客对互联网网站的频繁恶意攻击也会导致严重的后果. 随机故障和恶意攻击都可以看作在某种限制条件下的节点删除操作, 其本质都是移除节点的逾渗过程. 综上, 我们可以设计一个逾渗模型来模拟现实中的这一过程, 其中攻击策略包括随机删除节点和恶意攻击节点, 即删除影响作用大的节点.

为了简单说明这两种策略, 我们以图 4.36 中所示的简单网络为例. 读者可能注意到这个网络既有度较大的节点, 也有度很小的节点. 在随机攻击策略下, 网络中每个节点都以一定概率被随机删除, 其中被删除的节点不仅失去原有的功能而且与相邻节点的连接也全部断开. 对图 4.36 中的网络进行随机攻击, 以 $p = 0.4$ 的概率删除 4 个节点, 图 4.37(a) 中空心的点表示将要删除的节点, 图 4.37(b) 为删

除节点及其相关连边后的网络. 我们注意到按照随机概率删除节点后网络中仍然
存在较大的连通集团.

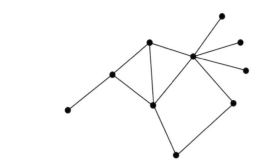

图 4.36　由 10 个节点组成的复杂网络示例

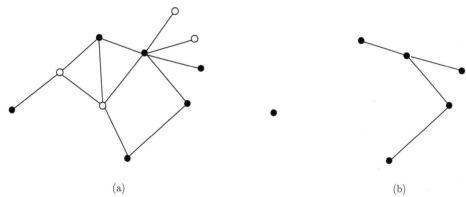

(a)　　　　　　　　　　　　(b)

图 4.37　随机攻击节点, (a) 原始网络, 其中空心的节点为要删除的节点,
(b) 删除节点及其连边后的网络

　　另一方面, 在恶意攻击策略下, 即以概率 p 优先攻击网络中度最大的节点, 那
么被攻击的节点不仅失去原有的功能而且与相邻节点的连边也全部断开. 回到
图 4.36 中的例子, 恶意攻击该网络, 其中我们选取节点删除概率与随机删除策略
相同, 即 $p = 0.4$. 受到该攻击后的网络如图 4.38 所示. 图 4.38(a) 中空心的点为
将要删除的节点, 图 4.38(b) 为删除节点及其相关连边后的网络. 与随机删除策略
不同的是, 我们优先删除度较大的节点可能会使网络损失更严重, 从而影响其基
本功能.

　　至此我们简略说明了逾渗理论在复杂网络上的应用. 研究复杂网络节点删除
的重要性就在于网络功能的正常运转受到其结构的影响, 而且对网络结构的扰动
可以在短时间内引起网络功能的改变, 因此研究拓扑结构对网络功能的影响对研
究网络脆弱性以及维护网络功能稳定具有重要意义[45]. 网络遭受攻击的现象可以

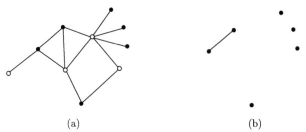

(a) (b)

图 4.38 恶意攻击节点, (a) 原始网络, 其中空心的节点为要删除的节点,
(b) 删除节点及其连边后的网络

通过不同策略条件下删除节点的操作来建模. 因此, 检验复杂网络鲁棒性的常规方法就是模拟复杂网络的逾渗现象. 换句话说, 逾渗过程重点关注当删除概率 p 在临界概率 p_c 附近时, 网络的鲁棒性和脆弱性.

对于典型的复杂网络, 节点之间依靠连边交流, 也就是说网络功能依靠连边得以正常运转, 因此连边的数量一定程度上反映了网络的容错能力. 连接率 η[46] 是网络实际连边数量与网络可能存在连边的数量之比, 即

$$\eta = \frac{2M}{N(N-1)}$$

其中 M 为网络实际连边数量, N 为网络节点个数. 连接率 η 越高表明网络抗攻击能力越强.

事实上, 还有许多方法可以用来度量网络在受到攻击后的鲁棒性, 例如 R-指数[9-11]. R-指数为

$$R = \frac{1}{N} \sum_{Q=1} N \delta_S(Q)$$

其中 N 为网络节点个数, $\delta_S(Q)$ 表示移除了 $Q = qN$ 个节点后, 网络最大连通组件的节点数量比例, 即相对最大组件大小, $\frac{1}{N}$ 是对大小不同的网络鲁棒性作归一化. 特别地, 简单计算可知, 无论采用何种移除节点的方式, 星形网络的 R-指数的最小值为 $\frac{1}{N}$, 全连通网络的 R-指数的最大值为 0.5.

4.5.3 攻击下的拓扑同调性变化

删除网络中任一节点和连边, 网络的连通性、节点的连通集合都会受到影响, 因此网络的高阶拓扑结构及其性质也随之发生改变. 回想由复杂网络构造集团复形的过程可知, 节点的连通集合作为集团对应着集团复形中的单形, 因此删除节点后网络结构受损, 其单纯复形的同调性也发生变化. 也就是说, 当删除网络中的

一个节点时, 网络的同调群随之改变, 相应的贝蒂数也会随之改变. 由于贝蒂数等于同调群的秩, 或者直观地说贝蒂数量化了单纯复形中不同维度的洞的数量, 因此我们可使用贝蒂数这一拓扑不变量来量化网络高阶拓扑结构的变化. 回忆一下, 0 阶贝蒂数表示网络连通组件的数量, 1 阶贝蒂数表示网络中二维洞的数量, 2 阶贝蒂数表示网络中三维空腔的数量. 本节中我们只计算 0 阶和 1 阶贝蒂数用于分析删除节点对复杂网络结构的影响.

在复杂网络构建的集团复形中, 拓扑不变量贝蒂数的具体解释如下. 在网络中, 贝蒂数 β_0 表示网络中连通组件的数量, 即连通集团的数量, 贝蒂数 β_1 表示网络中 1 维洞或非边界循环的数量. 平均每个连通组件包含洞的数量 h 表示为洞数量与连通组件数量之比. 平均每个连接组件包含 k 维洞的数量 h_k 的计算公式如下:

$$h_k = \frac{\beta_k}{\beta_0}$$

其中 β_k 表示网络中 k 维洞的总数, β_0 表示网络中连通组件的数量. 同理, 平均每个节点构造的 k 维洞的数量 B_k 的计算公式如下:

$$B_k = \frac{\beta_k}{N}$$

其中 N 是网络节点个数.

下面我们仅以图 4.39 中的网络为例, 说明删除网络节点后网络中洞的变化. 这里只关注网络结构的变化对其单纯复形同调性的影响, 因此我们暂不关心采用哪种策略删除节点. 从图中可以看出洞的数量没有发生变化, 即图 4.39(a) 中有一个洞, 移除节点后, 图 4.39(b) 中这个洞仍然存在.

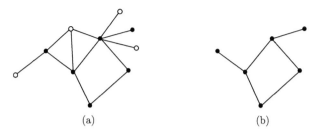

(a)   (b)

图 4.39   移除节点后仍保留洞的网络示例, (a) 原始网络结构, 其中空心的节点为将要删除的节点, (b) 删除节点及其连边后的网络

仿照上述例子, 我们也可以删除其他不同的节点集, 并观察删除节点后网络同调性的变化. 简单验证可发现, 删除节点后可能会产生新的洞, 之前的洞也可能

消失, 也可能将两个或多个洞合并成一个更大的洞 (这里我们用非边界循环的长度来度量洞的大小).

下面我们对 4.5.1 节介绍的四种广义随机网络进行模拟, 从而说明删除部分节点对网络同调性的影响. 四个网络的节点数量 $N = 1000$, 幂律指数分别为 $\gamma = 2.3, 2.75, 3, 4.5$. 图 4.40 给出了四个网络在随机删除和恶意攻击两种策略下删除 pN 节点后, 平均每个连接组件包含 1 维洞的数量 h 的变化. 由图 4.40 (a)~(d) 我们可以注意到, 在恶意攻击策略下平均每个连接组件包含 1 维洞的数量比随机删除策略下降得更快. 此外, 在这四个网络中, 两种策略的 h 值各自的变化趋势几乎是相同的, 即恶意删除度较大的节点对网络 1 维洞的破坏性更强. 我们推断出现这个现象的原因可能有两方面: 一方面是由于度分布的无标度性网络总是使得存在连接度高的节点; 另一方面可能是广义随机图模型生成算法本身造成的.

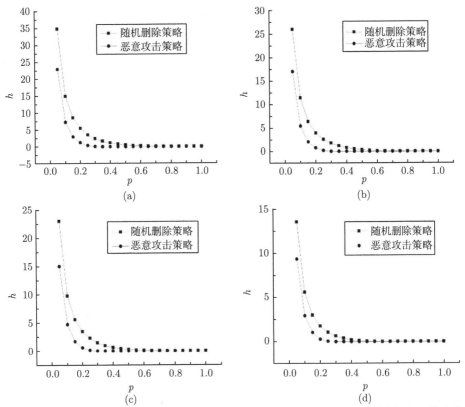

图 4.40　无标度广义随机网络平均每个连接组件包含 1 维洞的数量 h 随删除概率 p 的变化, 原始网络的幂律指数 $\gamma = 2.3(a), 2.75(b), 3(c), 4.5(d)$

如图 4.41 所示, 四个广义随机网络在随机删除策略和恶意攻击策略下, 平均每个节点构造 1 维洞的数量 B 随着删除节点概率 p 的增大而减少, 并且与 h 值变化相似的是, 相比于随机删除策略数量 B 在恶意攻击下减少得更快. 然而, 相比于 h 值的变化趋势, B 在两种策略下的差异更显著, 即 B 在恶意攻击下减少得更为显著.

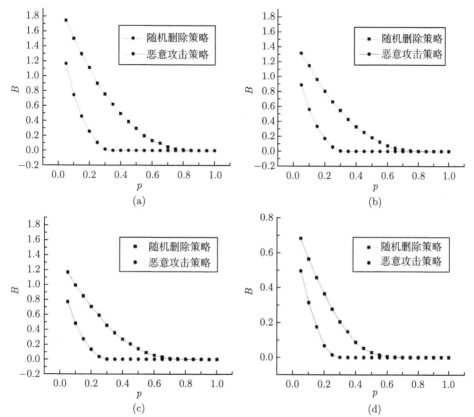

图 4.41 无标度广义随机网络平均每个节点构造的 1 维洞的数量 B 随删除概率 p 的变化, 原始网络的幂律指数 $\gamma = 2.3(\mathrm{a}), 2.75(\mathrm{b}), 3(\mathrm{c}), 4.5(\mathrm{d})$

如图 4.40 和图 4.41 所示, 在随机或恶意删除节点的情况下, 平均每个连接组件包含 1 维洞的数量 h 和平均每个节点构造的 1 维洞的数量 B 随删除概率 p 的变化趋势是相似的. 因此, 我们按删除策略的不同将图 4.40 重新整合区分为两个图, 即随机删除节点子图和恶意攻击节点子图, 如图 4.42 所示, 均对应于指数 $\gamma = 2.3, 2.75, 3, 4.5$ 的四个无标度广义随机网络.

观察图 4.42, 我们得到关于网络同调性的另一个结论. 在随机删除策略 (图 4.42(a)) 和恶意攻击策略 (图 4.42(b)) 下, 对于相同的概率 p 值, h 值随着

指数 γ 的增加而减小. 此外, 从图 4.42(b) 中可以看出, 当采用恶意攻击策略时, 随着 p 的增加 h 的下降速度逐渐加快.

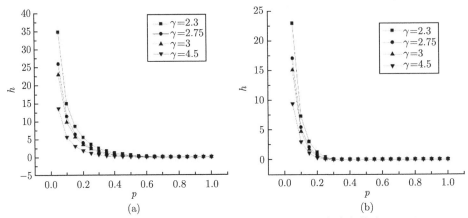

图 4.42　四个广义随机网络在随机删除策略 (a) 和恶意攻击策略 (b) 下, h 随删除概率 p 的变化曲线

以上我们探究了网络拓扑不变量, 即贝蒂数随着移除节点概率的变化. 而节点的变化 (例如移除节点) 直接带来网络鲁棒性的改变, 因此下面讨论拓扑不变量与网络的鲁棒性之间的关系. 我们考虑两个广义随机网络, 它们的节点个数分别为 $N = 1000$ 和 $N = 2000$, 度分布符合幂律分布且 $\gamma = 3$. 我们构造网络的集团复形并计算该复形在两种攻击策略下平均每个连通组件包含 1 维洞的数量 h 的变化, 如图 4.43(a) 所示. 观察发现 h 的变化对攻击策略敏感, 但与网络的大小关系不大. 如图 4.43(b) 所示, 网络连接率 η 也有类似的结论, 即对攻击策略敏感.

因此, 在不同攻击策略下, 网络鲁棒性的改变伴随而来连通组件所包含的 1 维空洞平均数量的变化. 以上结论表明拓扑不变量不仅可以度量网络的拓扑结构, 也为理解复杂网络的动力学提供帮助.

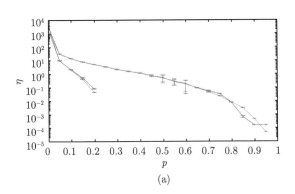

(a)

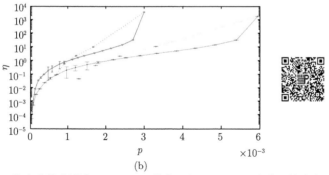

(b)

图 4.43 节点个数分别为 $N = 1000$(蓝色) 和 $N = 2000$(红色) 的广义随机网络
在随机攻击策略 (实线) 和恶意攻击策略 (虚线) 下 (a) 平均每个连接组件包含 1
维洞的数量 h, (b) 网络连接率 η 随着移除节点概率 p 的变化

4.5.4 注记

本节涉及运用代数拓扑方法对传统的分析方法进行了升级. 在最初引入这种
方法的文献中我们分别模拟了真实世界的复杂网络和人工合成网络的情况. 虽
然目前关于攻击下的同调性研究还处于起步阶段, 但模拟结果表明考虑高阶性的
网络鲁棒性的研究将会产生很多有趣的结果发现, 而且在现实中具有广泛的应用
场景.

理解网络在攻击下的结构变化有助于揭示网络失效的深层原因, 特别是提早
发现那些可能给网络带来灾难性后果的特征. 本节重点介绍了两个代数拓扑量:
平均每个连接组件包含 1 维洞的数量 h, 以及平均每个节点构造的 1 维洞的数量
B 分别来度量复杂网络中洞存在的密度. 其中洞的存在标志着复杂网络中不可到
达区域, 预示了网络结构中的损伤, 阻碍了网络结构以及功能的正常工作. 因此本
节提出的代数拓扑量可以有效地度量网络失效的可能性.

推荐练习

1. 生成几个度分布不同的广义随机网络, 采用本节的方法做类似分析, 并与
本节所得结果进行对比. 注意观察对于不同指数的无标度网络, H_q 和 B 之间的
变化关系是否保持一致?

2. 从 http://snap.stanford.edu/data/或 http://vlado.fmf.uni-lj.si/pub/net-
works/data/下载一个复杂网络, 采用本节的方法做类似分析. 对于度分布相同的
真实网络和练习 1 中的合成网络, 关于 H_q 和 B 的结论是否仍然成立?

3. 构造练习题 1 或练习题 2 中网络的共轭集团复形, 并采用本节的方法分析
其共轭集团复形, 然后分析解释所得结果.

参 考 文 献

[1] MALETIĆ S, RAJKOVIĆ M. Simplicial complex of opinions on scale-free networks[J]. Studies in Computational Intelligence, Springer, 2009, 207: 127

[2] MALETIĆ S, RAJKOVIĆ M. Consensus formation on simplicial complex of opinions[J]. Physica A, 2014, 397: 111

[3] MALETIĆ S, ZHAO Y. Hidden multidimensional social structure modeling applied to biased social perception[J]. Physica A, 2018, 492: 1419

[4] CASTELLANO C, FORTUNATO S, LORETO V. Statistical physics of social dynamics[J]. Rev. Mod. Phys., 2009, 81: 591

[5] CLIFFORD P, SUDBURY A. A model for spatial conflict[J]. Biometrika, 1973, 60: 581

[6] GALAM S. Minority opinion spreading in random geometry[J]. Eur. Phys. J. B, 2002, 25: 403

[7] NOWAK A, SZAMREJ J, LATANÉ B. From private attitude to public opinion: A dynamic theory of social impact[J]. Psychol. Rev., 1990, 97: 362

[8] SZNAJD-WERON K, SZNAJD J. Opinion evolution in closed community[J]. Int. J. Mod. Phys. C, 2000, 11: 1157

[9] DEFFUANT G, NEAU D, AMBLARD F, WEISBUCH G. Mixing beliefs among interacting agents[J]. Adv. Compl. Sys., 2000, 3: 87

[10] HEGSELMAN R, KRAUSE U. Opinion dynamics and bounded confidence: Models, analysis, and simulation[J]. JASSS, 2000, 5(3): 1

[11] OSKAMP S, SZHULTZ P W. Attitudes and Opinions[M]. 3rd ed. Mahwah, New Jersey: Lawrence Erlbaum Associates, 2005

[12] KRECH D, CRUTCHFIELD R S. Individual in Society: A Textbook in Social Psychology[M]. New York: McGraw-Hill, 1962

[13] MALETIĆ S, RAJKOVIĆ M, VASILJEVIĆ D. Simplicial complexes of networks and their statistical properties[J]. Lecture Notes in Computational Science, 2008, 5102(II): 568

[14] MALETIĆ S, STAMENIĆ L, RAJKOVIĆ M. Statistical mechanics of simplicial complexes[J]. Atti Semin. Mat. Fis. Univ. Modena Reggio Emilia, 2011, 58: 245

[15] MALETIĆ S, RAJKOVIĆ M. Combinatorial Laplacian and entropy of simplicial complexes associated with complex networks[J]. Eur. Phys. J. Special Topics, 2012, 212: 77

[16] MALETIĆ S, HORAK D, RAJKOVIĆ M. Cooperation, conflict and higher-order structures of complex networks[J]. Advances in Complex Systems, 2012, 15: 1250055

[17] http://lovro.lpt.fri.uni-lj.si[2022-06-22]

[18] http://konect.uni-koblenz.de/networks/subelj-euroroad[2022-06-22]

[19] ŠUBELJ L, BAJEC M. Robust network community detection using balanced propagation[J]. Eur. Phys. J. B, 2011, 81: 353

[20] NEWMAN M E J. Networks: An Introduction[M]. Oxford: Oxford University Press,

2010

[21] CALDARELLI G. Scale-Free Networks: Complex Webs in Nature and Technology[M]. Oxford: Oxford University Press, 2007

[22] LOVÁSZ L. Kneser's conjecture, chromatic numbers and homotopy[J]. Journal of Combinatorial Theory, Series A, 1978, 25: 319

[23] ARENAS F G, PUERTAS M L. The neighborhood complex of an infinite graph[J]. Divulgaciones Matematicas, 2000, 8: 69

[24] JOHNSON J H. Some structures and notation of Q-analysis[J]. Environment and Planning B, 1981, 8: 73

[25] DEGTIAREV K Y. Systems analysis: Mathematical modeling and approach to structural complexity measure using polyhedral dynamics approach[J]. Complexity International, 2000, 7: 1

[26] BRON C, KERBOSCH J. Finding all cliques of an undirected graph[J]. Comm. ACM, 1973, 16: 575

[27] KOZLOV D. Combinatorial Algebraic Topology[M]. Heidelberg: Springer-Verlag, 2008

[28] GOLDBERG T E. Combinatorial Laplacians of Simplicial Complexes[M]. New York: Annandale-on-Hudson, 2002

[29] MALETIĆ S, ZHAO Y, RAJKOVIĆ M. Persistent topological features of dynamical systems[J]. Chaos, 2016, 26: 053105

[30] IKEDA K. Multiple-valued stationary state and its instability of the transmitted light by a ring cavity system[J]. Opt. Commun., 1979, 30: 257

[31] IKEDA K, DAIDO H, AKIMOTO O. Optical turbulence: Chaotic behavior of transmitted light from a ring cavity[J]. Phys. Rev. Lett., 1980, 45: 709

[32] RÖSSLER O. An equation for continuous chaos[J]. Physics Letters A, 1976, 57 (5): 397

[33] MULDOON M R, MACKAY R S, HUKE J P, BROOMHEAD D S. Topology from time series[J]. Physica D, 1993, 65: 1

[34] GARLAND J, BRADLEY E, MEISS J D. Exploring the topology of dynamical reconstructions[J]. arXiv: 1506.01128v1, 2015

[35] EDELSBRUNNER H, HARER J L. Computational Topology: An Introduction[M]. Providence: American Mathematical Society, 2010

[36] GRASSBERGER P, PROCACCIA I. Measuring the strangeness of strange attractors[J]. Physica D, 1983, 9: 189

[37] FRASER A M, SWINNEY H L. Independent coordinates for strange attractors from mutual information[J]. Phys. Rev. A, 1986, 33: 1134

[38] CARLSSON G. Topology and data[J]. American Mathematical Society Bulletin, 2009, 46(2): 255

[39] ANDJELKOVIĆ M, GUPTE N, TADIĆ B. Hidden geometry of traffic jamming[J]. Phys. Rev. E, 2015, 91(5): 052817

[40] MALETIĆ S, ZHAO Y. Multilevel integration entropies: The case of reconstruction

of structural quasi-stability in building complex datasets[J]. Entropy, 2017, 19: 172

[41] LACASA L, LUQUE B, BALLESTROS F, LUQUE J, NUÑO J C. From time series to complex networks: The visibility graph[J]. PNAS, 2008, 105: 4972

[42] ZHOU A, MALETIĆ S, ZHAO Y. Robustness and percolation of holes in complex networks[J]. Physica A, 2018, 502: 459

[43] ALBERT R, BARABÁSI A L, JEONG H. Mean-field theory for scale-free random networks[J]. Physica A, 1999, 272: 173

[44] STAUFER D, AHARONY A. Introduction to Percolation Theory[M]. London: Taylor & Francis, 1994

[45] BARABÁSI A L, ALBERT R. Statistical mechanics of complex networks[J]. Rev. Mod. Phys., 2002, 74: 47

[46] FREEMAN L C. Centrality in social networks conceptual clarification[J]. Social Networks, 1979, 1(3): 215

第 5 章

具体应用案例探讨

5.1 构造实际数据单纯复形示例

本节我们将从一个实际的例子出发, 向读者展示面对现实数据, 如何构建和挖掘它们的拓扑结构, 如何利用代数拓扑工具刻画数据的拓扑特征, 以及这些特征反映了数据的哪些深层特性. 这里我们将从一个出租车司机的坐标数据集出发, 构建该数据的单纯复形结构, 再通过基于拓扑同调性的多级积分熵等指标来刻画数据的高阶结构, 通过分析多级积分熵在时间尺度上的变化以挖掘分析出租车司机的出行习惯和驾驶行为等深层次信息.

5.1.1 构建单纯复形

我们收集了深圳地区一个出租车司机在 2014 年三个月内 3623 次行车记录. 为了描述他的行驶路径数据的空间结构, 首先我们将城市划分为 968 个 2 公里 $\times 2$ 公里的正方形单元. 这样我们就构建了一个出发地-目的地的连接矩阵 OD, 其中矩阵的行对应着空间网格的某一个出发地, 矩阵的列对应着目的地. 若该司机至少完成过一次从出发地 i 带到目的地 j 的载客, 则矩阵元素 $OD_{ij} = 1$, 否则 $OD_{ij} = 0$. 我们将目的地作为单纯复形的节点, 那么同一个出发地所指向的多个目的地就构成了一个单形, 也就是说每个单形都对应着同一个出发地, 从而依此逐渐构建了一个单纯复形. 在此基础上再构建其共轭单纯复形, 从而得到出租车行驶路径的两种拓扑结构. 为方便读者直观地理解单形的构建过程, 下面通过一个简单的示例给出由行驶路径构建单纯复形的步骤和方法. 如图 5.1 所示, 路径数据记录从 i 单元出发的轨迹驶向目的地 j_1, j_2, j_3, j_4 单元, 从 k 单元出发的轨迹驶向目的地 j_2, j_4, j_5 单元, 因此相应地, 出发地-目的地矩阵 OD 中元素 $[OD_{ij_1}]$, $[OD_{ij_2}]$, $[OD_{ij_3}]$, $[OD_{ij_4}]$, $[OD_{kj_2}]$, $[OD_{kj_4}]$, $[OD_{kj_5}]$ 值为 1. 由此我们构建了一个 3-单形 $\sigma_i = (j_1, j_2, j_3, j_4)$ 和一个 2-单形 $\sigma_k = (j_2, j_4, j_5)$, 且它们共享一个 1

维面.

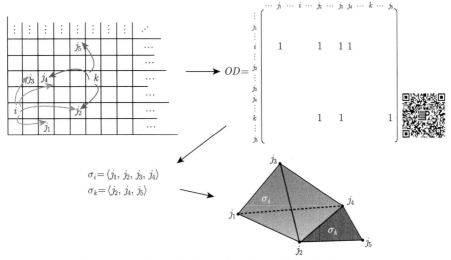

图 5.1 出租车司机在 i 和 k 空间网格单元出发, 并分别驶向目的地 j_1, j_2, j_3, j_4 和 j_2, j_4, j_5, 由该数据集构建单纯复形的示例

从单纯复形的关系定义来看, 出租车司机访问过的地点可以分为两个集合: 出发地集 X 和目的地集 Y(这两个集合可以有重叠的部分). 例如, 在数据中司机曾经从 $x_i \in X$ 接载乘客到目的地 j_1, j_2, j_3, j_4, 其中 $j_1, j_2, j_3, j_4 \in Y$. 也就是说, 通过 "从出发地到目的地的路径" 这一二元关系 λ 就建立了出发地集 X 中的元素与目的地集 Y 的某一子集之间的关系, 从而关系 λ 连接了出发地集 X 和 $P_X(Y)$, 即目的地集 Y 的幂集 $P(Y)$ 的子集. 对于任意的出发地 $x_i \in X$ 都存在目的地集合 $\{y_{j_0}, y_{j_1}, y_{j_2}, \cdots, y_{j_q}\} \in P_X(Y)$ 与之对应, 因此我们记 $\sigma_{x_i} = \{y_{j_0}, y_{j_1}, y_{j_2}, \cdots, y_{j_q}\}$, 这样就由集合 X, Y 与关系 λ 建立了单纯复形 $K_X(Y, \lambda)$ 及其共轭复形 $K_Y(X, \lambda^{-1})$, 其中共轭复形 $K_Y(X, \lambda^{-1})$ 就是将目的地集 Y 作为单形集. 如图 5.1 所示, 司机曾经从 i 单元出发驶向目的地 j_1, j_2, j_3, j_4, 我们假设 j_1, j_2, j_3, j_4 单元是一个整体, 它们共同构建司机的关于这些区域的行驶认知. 尽管可能存在个别缺失, 但这些仍可以共同构建司机的潜在认知, 因此该假设合理.

司机在载客的过程中认知经验不断增加, 逐渐建立起对城市客流和行驶习惯的认知. 在不均匀的时间事件序列 $t_0, t_1, \cdots, t_n$ 上, 司机的驾车路径不断丰富, 即出发地-目的地的连接矩阵 OD 中的非零元素逐渐增加. 具体来说, 若出租车司机在 t_k 时刻完成了一次从出发地 i 单元到目的地 j 单元的乘车路径, 那么矩阵元素 $[OD_{ij}]^{t_{k-1}}$ 增加 1, 即 $[OD_{ij}]^{t_k} = [OD_{ij}]^{t_{k-1}} + 1$. 通过这种方式, 我们就得到了一个嵌套的单纯复形序列:

$$\varnothing = K_{t_0} \subseteq K_{t_1} \subseteq \cdots \subseteq K_{t_i} \subseteq \cdots \subseteq K_{t_n}$$

这与我们在 2.2.1 节中提到的持续同调过滤类似. 二者的不同之处在于 2.2.1 节中介绍的持续同调主要是研究在参数变化下, 单纯复形序列的链群、循环群、边界群的持续性, 而这里我们随着时间不断增加新的行车路径, 以构造单纯复形嵌套序列, 并通过 Q-向量反映单纯复形的结构变化. 下面给出一个示例以具体说明构造单纯复形嵌套序列的过程. 虽然出发地集 X 和目的地集 Y 之间存在重合的部分, 但为了区分单形与节点, 我们用字母和数字分别表示出发地和目的地. 如图 5.2 所示, 在 $t+1$ 时刻, 司机从出发地 b 到目的地 3 完成了一次载客, 则单形 σ_b 维度从 1 增加到 2, 在 $t+2$ 时刻, 司机从出发地 e 到目的地 7 完成了一次载客, 则单形 σ_e 维度从 1 增加到 2, 这些变化都将反映在其 Q-向量的变化上.

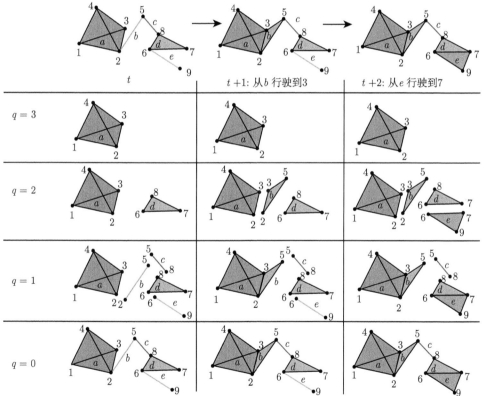

图 5.2 出租车司机从任意时刻 t 开始, 在两个连续的时刻 $t+1, t+2$ 上增加了路径, 构成了新的单纯复形的示例. 其中字母表示出发地, 数字表示目的地

表面上 Q-向量只包含了单纯复形各阶连通组件的个数, 但就像在 2.2.2 节介绍的那样, Q-向量中包含着数据拓扑结构更深层的信息. 因此接下来我们将基

于 Q-向量建立两个多级积分熵来度量该嵌套单纯复形序列在时间尺度上的结构变化.

5.1.2　多级积分熵

我们在 4.4.2 节中已经利用多级积分熵刻画了 Rössler 系统的可视图的结构特征. 下面将利用多级积分熵来分析出租车司机坐标数据的拓扑特征. 首先我们简单回顾多级积分熵的定义. 第一多级积分熵定义为

$$HQ_q = -\log_2 \frac{1}{Q_q}$$

其中 Q_q 指 q-级的连通集团数, 即 Q-向量的第 q 项. 它量化了在该单纯复形中寻找 q-连通类的不确定性或对于 q-连通的单形集合的不可区分性. 相应地, 获得数据中对应 q-连通的元素组的集合的不可区分性. 特别地, 若单纯复形中只有一个 q-连通类, 即 $Q_q = 1$, 则 $HQ_q = 0$, 这意味着 q 阶连通类是可区分的. 若单纯复形中有 N 个 q-连通类, 其中 N 是所有 q 阶单形的个数, 换句话说, 每个 q-连通类都只包含一个 q 阶单形, 此时 HQ_q 达到最大值. 第一多级积分熵构成向量

$$\boldsymbol{HQ} = [HQ_{\dim(K)}, HQ_{\dim(K)-1}, \cdots, HQ_0]$$

第二多级积分熵的定义为

$$H_q = -\sum_{i=1}^{Q_q} \frac{m_q^i}{n_q} \log_2 \frac{m_q^i}{n_q}$$

其中 m_q^i 是第 i 个连通类中 q 维单形的数量, n_q 是 q 维单形的总数. 这个多级积分熵量化了在 q-级上找到一个单形的不确定性, 或者换句话说, q-级上的单形的不可区分性. 第二多级积分熵构成向量

$$\boldsymbol{H} = [H_{\dim(K)}, H_{\dim(K)-1}, \cdots, H_0]$$

特别地, 若单纯复形中只有一个 q-连通类, 则 $H_q = 0$; 若每个 q-连通类都仅包含一个 q-单形, 则 $H_q = \log_2 Q_q$.

由定义可知, 当我们改变数据结构, 即合并、拆分或添加新的连通类时, 第一多级积分熵 HQ_q 才会发生改变, 也就是说仅仅是单形数量的增加不足以改变 HQ_q. 然而对于第二多级积分熵 H_q 来说, 单形数量的变化或者连通类数量的变化都有可能改变 H_q.

5.1.3 结果分析

如图 5.3 和图 5.4 所示, 对于出租车司机在时间 t_i 上形成的嵌套单纯复形序列, 我们计算得到这时该单纯复形序列在各个 q-级上的第一多级积分熵 HQ_q 与第二多级积分熵 H_q. 随着数据的增多, 单纯复形在各个 q-级上的单形聚合程度以及单形的不可区分性都发生了改变. 对于第一和第二多级积分熵向量 $\boldsymbol{HQ}, \boldsymbol{H}$, 其中最大熵所在的层级 (红色部分) 随着时间的推移逐渐增加.

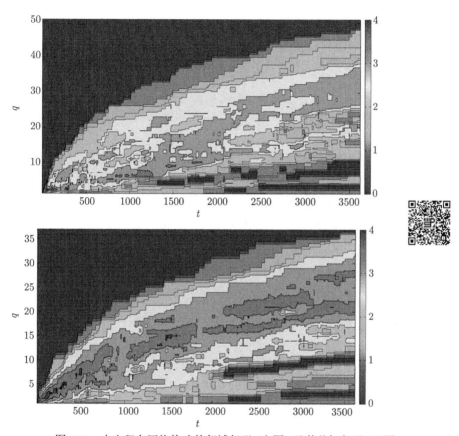

图 5.3　由出租车网络构建的邻域复形 (上图) 及其共轭复形 (下图)
的第一级积分熵 $\boldsymbol{HQ}$ 随着时间 t 的变化

对比图 5.3 和图 5.4, 我们发现共轭复形 (其以目的地作为单形) 比原始单纯复形 (其以出发地作为单形) 的熵 $\boldsymbol{HQ}, \boldsymbol{H}$ 更大. 第一和第二多级积分熵向量的区别主要体现在 q-层次较低的区域上, 即在 q-层次较低的区域, 第二多级积分熵向量 $\boldsymbol{H}$ 熵值较低的部分 (图 5.4 蓝色部分) 随着时间推移逐渐变宽, 而第一多级积分熵向量 $\boldsymbol{HQ}$ 没有这样的变化情况 (图 5.3). 这种区别可以解释为, 每增加一次新路径都提高了某一单形的维度, 因此增强了低维单形之间的可区分性, 那么 $\boldsymbol{H}$ 低熵值 q-层次相应的区域随时间变宽. 但是单形维度的变化对这些单形之间的连通性影响较小, 因此 $\boldsymbol{HQ}$ 低熵值 q-层次区域变化不明显.

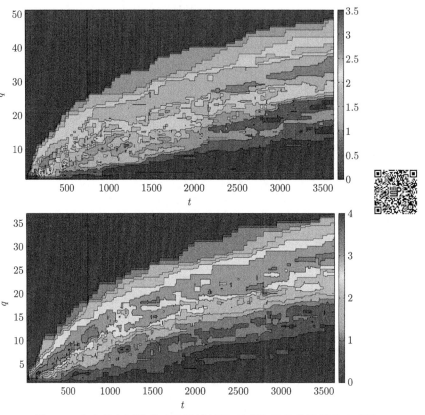

图 5.4　由出租车网络构建的邻域复形 (上图) 及其共轭复形 (下图) 的第二级积分熵 $\boldsymbol{H}$ 随着时间 t 的变化

　　观察图 5.3 和图 5.4 的结果, 我们注意到在同一 q-层级上, 两个邻近时刻的熵值变化不太大, 具有时间上的相关性. 因此, 考虑计算两个邻近时刻的熵值之间的相似性, 可以帮助我们理解数据结构的变化规律. 这里我们定义两个邻近时刻 $t, t+1$ 的第一多级积分熵向量之间的余弦值 θ 来反映单纯复形嵌套序列的结构变化, 即原始数据集的结构变化.

$$\theta = \frac{(\boldsymbol{HQ}(t), \boldsymbol{HQ}(t+1))}{|\boldsymbol{HQ}(t)| \times |\boldsymbol{HQ}(t+1)|}$$

其中 $|\cdot|$ 为欧几里得范数, 即

$$|\boldsymbol{HQ}(t)| = \sqrt{HQ_n(t)^2 + HQ_{n-1}(t)^2 + \cdots + HQ_0(t)^2}$$

并且,

$$(\boldsymbol{HQ}(t), \boldsymbol{HQ}(t+1)) = HQ_n(t) \times HQ_n(t+1) + HQ_{n-1}(t) \times HQ_{n-1}(t+1)$$
$$+ \cdots + HQ_0(t) \times HQ_0(t+1)$$

其中 $n = \max\{\dim(K(t)), \dim(K(t+1))\}$. 因此, 余弦值 $\theta = \cos(\phi)$ 也被称作熵结构系数, 其中 ϕ 是向量 $\boldsymbol{HQ}(t)$ 和 $\boldsymbol{HQ}(t+1)$ 的夹角. 其范围为 $0 < \theta < 1$, 当两个邻近时刻的熵完全一致时, $\theta = 1$. 同理, 我们也可以计算两个邻近时刻 $t, t+1$ 的第二多级积分熵向量 $\boldsymbol{H}(t)$ 和 $\boldsymbol{H}(t+1)$ 的余弦值 χ, 即第二多级积分熵结构系数.

如图 5.5(a) 所示, 基于出租车司机的坐标数据, 我们由第二多级积分熵向量 $\boldsymbol{H}(t)$ 和 $\boldsymbol{H}(t+1)$ 计算得到邻近时间 $\tau = t \to t+1$ 下单纯复形及其共轭复形的熵结构系数 χ 的值. 观察发现熵结构系数随着时间逐渐趋近 $\chi = 1$, 这意味着熵的变化逐渐趋于平缓. 由第一多级积分熵向量 $\boldsymbol{HQ}(t)$ 和 $\boldsymbol{HQ}(t+1)$ 得到的熵结构系数 θ 也随着时间逐渐趋近于 1, 如图 5.5(b) 所示. 举例而言, 当 $\tau = 1000$ 时, χ 表示 $t = 1000$ 和 $t = 1001$ 之间 $\boldsymbol{H}(t)$ 的变化情况, 从而反映添加第 1001 次行车路径后司机的行为模式变化.

任何数据是否都会得到上述结论呢? 为消除上述结论的不确定性, 我们通过两种方法随机构建单纯复形及其共轭复形的嵌套序列, 然后计算其熵结构系数, 并将其与前面真实的坐标数据集得到的结果做对比, 以揭示出租车司机出行数据的内在规律. 为此, 我们构建关于目的地的随机单纯复形序列, 即在每个邻近时刻, 我们都会用类似出租车司机坐标数据添加路径的方式来逐步构建单纯复形序列, 但此时新添加的路径的出发地仍与出租车司机的出发坐标数据相同, 而目的地则是随机选取的. 同时我们构建了关于出发地的随机单纯复形序列, 即新添加路径的出发地是随机的, 而目的地则与出租车司机的目的地坐标数据相同. 对于以上两类随机构造的单纯复形及其共轭复形的嵌套序列, 目的地随机单纯复形及其共轭复形的熵结构系数 χ 和 θ 的变化如图 5.5(c), (d) 所示, 出发地随机单纯复形及其共轭复形的熵结构系数 χ 和 θ 的变化如图 5.5(e), (f) 所示. 对比可知, 随机构造的单纯复形与真实数据构造的单纯复形的熵结构系数 χ 和 θ 的变化存在明显差异, 即随机构造的单纯复形序列并不具有熵结构系数随着时间逐渐趋于平稳的特征. 因此, 由实际出租车司机坐标数据集构造的单纯复形呈现出一定的规律性, 这也反映了出租车司机构建自己的认知地图时的规律性.

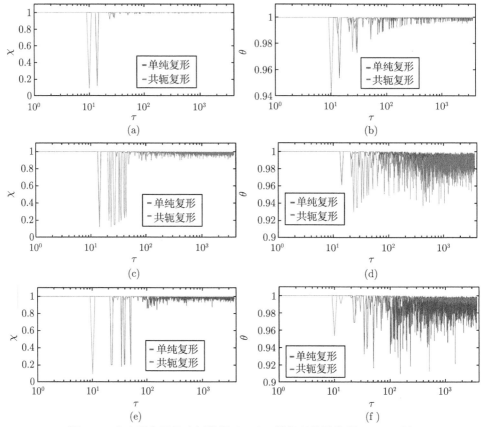

图 5.5　由出租车司机坐标数据 (a, b)、随机目的地数据 (c, d)、随机出发地数据 (e, f) 分别构建的单纯复形及其共轭复形嵌套序列, 其熵结构系数 χ (a,c,e) 和 θ(b, d, f) 随着不断累积的行驶路径的变化

5.1.4　小结

　　本章我们通过两个多级积分熵来度量了出租车司机坐标数据集的不同层次的结构变化. 进一步地, 我们提出考察两个邻近时刻下多级积分熵之间的差异, 即多级积分熵的余弦值, 以揭示两个连续结构之间的变化规律. 与随机数据集的结果不同, 出租车司机坐标这一实际数据集在时间尺度上的变化逐渐趋于平缓. 结果表明随着司机载客经验的增加, 他也逐渐建立起较为稳定的 "出发地-目的地" 地图结构认知. 换句话说, 经过长时间的载客经验积累, 出租车司机大多趋向在相对熟悉的出发地和目的地之间载客, 而不是倾向于从一个新的出发地到另一个新的目的地. 我们推断出现这个现象有两方面的可能, 一方面是司机习惯于在他所熟悉的区域载客, 而另一方面乘客们的活动也通常集中在几个地点和区域.

　　本节从一个实际的数据集出发利用代数拓扑方法揭示了这个数据集的结构变

化, 以及由此所反映的出租车司机的出行习惯和驾驶行为等深层次认知信息. 我们希望它能为读者构造数据集的高阶结构和分析其深层拓扑结构提供示例.

推荐练习

1. 在第 3 章中我们还介绍了其他几种构建单纯复形的方法, 包括匹配复形和独立复形. 试着基于出租车司机行车数据构建匹配复形和独立复形, 比较与本节方法构建的单纯复形的差别, 并阐释构建方法的合理性.

2. 对于练习题 1 构建的匹配复形和独立复形, 计算绘制出多级积分熵随着时间的变化趋势, 分析得到的结果并探寻可能的结论.

3. 从网站 http://vlado.fmf.uni-lj.si/pub/networks/data/ 下载一个复杂网络, 采用本节的方法来计算分析这个网络所隐藏的深层结构特征.

5.2 复杂网络的高阶传播

在复杂系统中, 除了个体间的成对交互作用传播, 群组交互传播也是广泛存在的. 这样的高阶结构广泛存在于社会网络、新型冠状病毒传播、生态系统、人脑和人造系统等实际系统中, 对系统功能机制起到关键乃至决定性作用, 并由此引起高阶动力学行为. 可是仅包含节点和边结构的复杂网络对于刻画群组高阶作用存在局限性, 单纯复形与超图作为复杂网络结构的推广, 可以用来描述此高阶交互行为. 以单纯复形为例, 它是由不同维数的单形构成, 能够同时刻画复杂系统的成对交互行为和群组交互作用. 单纯复形因为丰富的数学性质, 在描述数据高阶结构方面具有竞争力. 基于单纯复形传播的研究已成为复杂网络的高阶传播动力学领域的研究热点, 探究其传播动力学能够明确群组交互等高阶行为在社会和疾病传播过程中的作用.

5.2.1 复杂网络的高阶耦合社会传播

学术论文的形成是集体合作共同创作的结果, 这一过程可以看作"观点融合"的过程. 论文被他人阅读或引用可以视为"信息传递"过程. 一篇学术论文的作者自然构成一个群组, 上述过程可抽象为首先群组内的成员通过个体间成对相互作用达成共识 (即观点融合[1]), 然后通过群组高阶作用将其传播给其他组及其个体 (即信息传递[2]). 借助单纯复形可以很好地描述前述这两个过程, 兼顾群组内的观点融合和群组间的信息传播. 因此, 本节建立基于单纯复形的耦合传播的动力学模型, 以描述包含观点融合与信息传递两个动力学过程的高阶传播行为.

将复杂网络中全连通的子图作为群组结构, 并将群组结构重构为其对应的最高维数单形, 从而获得可以覆盖网络结构的最少单形数, 其中各群组均由相应的单形来刻画, 这些相互作用、相互重合的单形进一步构成单纯复形, 由此可以构造复杂网络的单纯复形. 根据前面介绍的方法, 从复杂网络中可以构建多种类型的单纯复形, 例如邻域复形、集团复形、匹配复形等. 本节采用集团复形来刻画网络的高阶结构, 以保持复杂网络原始的拓扑特性. 通过 Javaplex 的 Bron-Kerbosch 算法[3], 找到网络中的所有的最大组结构, 进而可以构建给定复杂网络所对应的单纯复形. 利用上述方法全面描述复杂网络的低阶和高阶结构, 以此刻画复杂网络局部的同质性和全局的异质性. 以图 5.6 (a) 中网络为具体示例, 它形成了 3 个单形, 如图 5.6 (b) 所示. 节点和单形之间的隶属关系由关联矩阵 $\Lambda = \{\lambda_{\sigma_i}\}(\sigma = 1, \cdots, M; i = 1, \cdots, N)$ 表示, 如果单形 σ 包含节点 i, 则 $\lambda_{\sigma_i} = 1$, 否则 $\lambda_{\sigma_i} = 0$, 其中 M 和 N 分别表示单形数和节点数. 单形 σ 的大小 (即节点数目) 表示为 $N_\sigma = \sum_{i=1}^{N} \lambda_{\sigma_i}$. 单纯复形中单形与单形间的关系利用共面矩阵 $C = \{C_{\sigma\varrho}\}_{\sigma,\varrho=1}^{M}$:

$$C = \Lambda \cdot \Lambda^{\mathrm{T}} \tag{5.1}$$

表示, 其中矩阵 C 的行和列分别对应单形, 对角线元素表示单形的大小, 非对角线元素表示单形之间的共面的节点数.

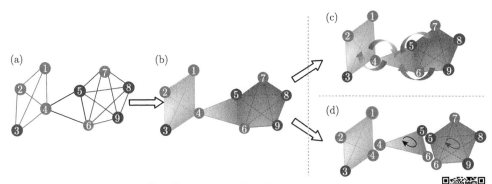

图 5.6　复杂网络到单纯复形以及基于单纯复形的耦合传播过程示意图

以图 5.6 (b) 为例, 该单纯复形的关联矩阵为

$$\Lambda = \begin{bmatrix} 1 & 1 & 1 & 1 & 0 & 0 & 0 & 0 & 0 \\ 0 & 0 & 0 & 1 & 1 & 1 & 0 & 0 & 0 \\ 0 & 0 & 0 & 0 & 1 & 1 & 1 & 1 & 1 \end{bmatrix} \tag{5.2}$$

进一步, 将公式 (5.2) 代入公式 (5.1), 计算可得它所对应的共面矩阵:

$$C = \begin{bmatrix} 4 & 1 & 0 \\ 1 & 3 & 2 \\ 0 & 2 & 5 \end{bmatrix} \tag{5.3}$$

基于复杂网络的单纯复形结构, 我们可以构建低阶结构与高阶结构的观点融合与消息传播耦合传播动力学模型. 不失一般性, 这里假设同一节点在不同群组中可以处于不同状态, 以充分反映其在各群组内扮演不同的角色. 本节使用 SIS 模型来描述社会信息传播过程, 在时刻 t, 用 $x_i^\sigma(t) \in \{0, 1\}$ 来表示单形 σ 中节点 i 的状态. 将已经获得信息的单形或节点的状态称为感染状态, 否则, 称它们为易感状态. 定义单形 σ 中的节点 i 在 t 时刻为感染态的概率为

$$p_i^\sigma(t) = p(x_i^\sigma = 1, t) \tag{5.4}$$

首先对观点融合过程进行建模. 如图 5.6 (d) 所示, 设置阈值 $T(0 < T < 1)$, 由它来决定组的状态, 当群组内感染态节点的比例超过 T 时, 则该组处于感染态. 也就是说, 如果单形 σ 为感染态当且仅当 $\sum_{i=1}^{N_\sigma} x_i^\sigma \geqslant TN_\sigma$; 否则, 单形 σ 为易感态. 单形 σ 在时刻 t 时有 k 个感染节点的概率 $P_k^\sigma(t)$ 为

$$P_k^\sigma(t) = \sum_{\substack{\Theta \subseteq s(\sigma) \\ |\Theta| = k}} \prod_{i \in \Theta} p_i^\sigma(t) \prod_{i \in s(\sigma) \backslash \Theta} (1 - p_i^\sigma(t)) \tag{5.5}$$

其中 $s(\sigma)$ 是单形 σ 中节点构成的集合, Θ 表示大小为 k 的 $s(\sigma)$ 所有子集, $s(\sigma) \backslash \Theta$ 表示 $s(\sigma)$ 删除 Θ 后剩余节点构成的集合. 单形中感染节点数目的比例超过 T 的概率为

$$\begin{aligned}
p^\sigma(t) &= 1 - \sum_{k=1}^{\lfloor N_\sigma T \rfloor} P_k^\sigma(t) \\
&= \sum_{\substack{\Theta \subseteq s(\sigma) \\ |\Theta| > \lfloor N_\sigma T \rfloor}} \prod_{i \in \Theta} p_i^\sigma(t) \prod_{i \in s(\sigma) \backslash \Theta} [1 - p_i^\sigma(t)]
\end{aligned} \tag{5.6}$$

根据式 (5.6) 确定单形的状态, 其中 $\lfloor \rfloor$ 表示向下取整. 因此, 单纯复形在 t 时刻的传播流行率可以表示为

$$\rho(t) = \frac{1}{M} \sum_{\sigma=1}^{M} p^\sigma(t) \tag{5.7}$$

为描述单形之间的交互强度, 定义基于单形的接触矩阵 R 为

$$R_{\sigma\varrho} = \begin{cases} 1 - \left(1 - \dfrac{C_{\sigma\varrho}}{C_\sigma}\right)^{N_\sigma}, & \sigma \neq \varrho \\ 0, & \sigma = \varrho \end{cases} \tag{5.8}$$

其中 $C_\sigma = \sum_{\varrho=1, \varrho \neq \sigma}^{M} C_{\sigma\varrho}$ 表示单形 σ 的总接触强度. 单形 σ 的大小 N_σ 表示单形的影响力. 根据式 (5.8) 可得, 单形 σ 与单形 ϱ 的接触同 σ 的大小 N_σ 及其共同节点的比例 $\dfrac{C_{\sigma\varrho}}{C_\sigma}$ 呈正相关. 单形 σ 内部节点间的接触矩阵 r 可以定义为

$$r_{ij}^\sigma = \begin{cases} 1 - \left(1 - \dfrac{1}{N_\sigma}\right)^{N_\sigma} \doteq r^\sigma, & i \neq j \\ 0, & i = j \end{cases} \tag{5.9}$$

由公式 (5.9) 可知, 单形中的每个节点均扮演着同等重要的角色, $r_{ii}^\sigma = 0$ 意味着自我交互强度为 0.

节点状态的变化取决于组间 (图 5.6 (c)) 和组内 (图 5.6 (d)) 的交互过程. 组内和组间的传播速率分别为 β_1 和 β_2. 单形中已感染的节点以恢复概率 μ 从中恢复, 变为易感态. 根据上述传播过程, 基于单纯复形的离散马尔可夫链演化过程可表示为

$$p_i^\sigma(t+1) = [1 - q_i^\sigma(t)] [1 - p_i^\sigma(t)] + (1 - \mu) p_i^\sigma(t)$$
$$+ \mu [1 - q_i^\sigma(t)] p_i^\sigma(t) \tag{5.10}$$

其中 $q_i^\sigma(t)$ 表示节点 i 不被任何邻居 (包括近邻单形与近邻节点) 感染的概率. $q_i^\sigma(t)$ 的表达式如下:

$$q_i^\sigma(t) = \prod_{j=1}^{N_\sigma} \left[1 - \beta_1 r_{ji}^\sigma p_j^\sigma(t)\right] \times \prod_{\varrho=1}^{M} \left[1 - \beta_2 R_{\varrho\sigma} p^\varrho(t)\right] \tag{5.11}$$

等式右侧的第一项表示节点不被群组内部相邻节点感染的概率, 第二项表示节点不被外部单形感染的概率. 此模型中不仅利用不同的传染速率 β_1 和 β_2 来表征 "个体—个体" 之间与 "群组—个体" 之间的传播行为, 也利用基于单形的接触矩阵 (R 与 r) 来刻画具有不同拓扑特征的传播动力学行为.

本节采用二项分布 $\mathcal{B}$ 的累积分布函数来估计单形的状态, 因此单形 σ 中的节点 i 的状态 ϵ 就可以表示为逆函数:

$$\epsilon = \mathcal{B}^{-1} \left(\lfloor N_\sigma T \rfloor, N_\sigma, 1 - \epsilon^\sigma\right) \doteq \mathcal{B}_{\epsilon^\sigma}^{-1}$$

根据上述包含观点融合与信息传递的传播动力学模型, 利用马尔可夫链演化方程推导出此模型的传播临界点为

$$\beta_c = \left\{ \frac{\mu \mathcal{B}_{\epsilon^\sigma}^{-1}}{\left[1 - (1 - \mu) \mathcal{B}_{\epsilon^\sigma}^{-1}\right] R_\sigma \epsilon^\sigma + (N_\sigma - 1) r^\sigma \mathcal{B}_{\epsilon^\sigma}^{-1}} \right\}_{\min}, \quad \sigma = 1, \cdots, M \tag{5.12}$$

其中 $R_\sigma = \sum_{\varrho=1}^{M} R_{\varrho\sigma}$.

这样基于以上建模思路, 我们将科学家合作者网络映射为单纯复形[4], 进而研究它所对应的社会传播动力学行为. 这个网络具有 379 个节点、914 条边, 它的最大组大小的分布情况分别如图 5.7 所示.

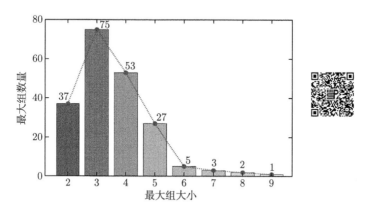

图 5.7　科学家合作者网络的所有最大组的大小分布

取阈值为 $T = 0.5$, 意味着如果组中有不少于一半的节点被感染, 则该组为感染态. 这里我们分别使用蒙特卡罗 (MC) 方法以及微观马尔可夫链方法 (MMCA) 来验证我们的理论结果. 在图 5.8(a) 中, 对于不同的组间传染率系数 β_2, 相应的曲线展示了单纯复形的传播流行程度随组内传染率系数 β_1 的演化情况. 在图 5.8(b) 中, 对于不同的组内传染率系数 β_1, 相应的曲线展示了传播流行程度随

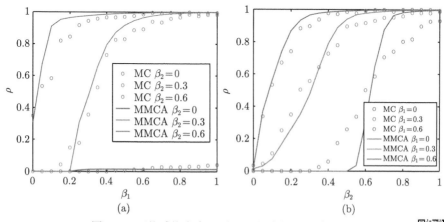

图 5.8　平均感染密度 ρ 随 (a) 组内传染率系数 β_1
与 (b) 组间传染率系数 β_2 的变化情况

组间传染率系数 β_2 的变化情况. 可以发现 ρ 与 β_1 和 β_2 均呈正相关. 当 $\beta_2 = 0$ 时, 组间的传播过程消失, 图中曲线表明无论 β_1 多大, 信息都无法传播. 也就是说, 对整个社会传播系统而言, 如果仅存在组内传播, 信息或者流行病不会爆发. 作为对比, 当 $\beta_1 = 0$ 时, 组内的传播消失, 但是 β_2 较大时, 信息或流行病仍有爆发的可能, 如图 5.8(b) 所示. 所以, 通过构建基于单纯复形的社会传播模型, 可以从高维视角观察低阶和高阶耦合动力学特征, 进而揭示群组等高阶交互关系在社会系统传播中的重要作用.

图 5.9 展示了当取值 $\beta = \beta_1 = \beta_2$ 时, 单纯复形和原始网络的传播流行程度随 β 的演化情况. 蓝色曲线表示基于单纯复形的传播流行程度; 紫色曲线表示基于其原始网络的传播流行程度, 这种情况下不存在阈值 T, 并且基于单形的接触矩阵用原始网络的连接矩阵代替. 值得注意的是, 基于单纯复形的传播行为出现突变, 并且这个现象由阈值 T 的存在所导致. 其原因是一旦群组内感染个体的比例超过设定的阈值 T, 群组的状态立即发生改变, 从而导致突变现象的发生.

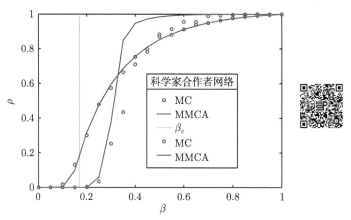

图 5.9 科学家合作者网络的平均感染密度 ρ 随传染率系数 β 的演化情况

图 5.10 展示了系统的平均感染密度 ρ 在耦合参数 β-t 下的演化情况. 当演化时间 t 较小或传染率系数 β 较低时, 信息或者流行病并不会在人群中爆发传播; 当时刻 t 较大时, 可以发现只有当 β 超过某个定值 (即传播临界点 β_c) 时, 传播现象才会爆发.

这里我们采用离散马尔可夫链方法构建由观点融合和信息传播组成的社会传播过程. 对于观点融合, 每个个体的状态和一个可调的阈值共同确定了它们所属组的状态. 在信息传递过程中, 外部群组和内部个体共同施加影响作用于个体状态的演变. 对于这样的模型, 我们可以推导出传播现象可以爆发的临界值, 进一步通过数值模拟来观察模型的动力学现象, 发现仿真结果与蒙特卡罗模拟相一致,从而验证了单纯复形应用于传播动力学的可行性及应用价值.

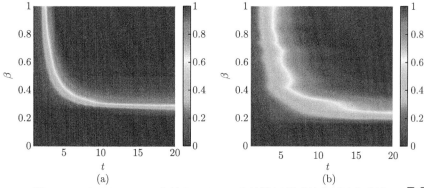

图 5.10 由 (a)MMCA 方法与 (b)MC 方法模拟得到的传播流行程度 ρ 随 β-t 的演化情况的比较

5.2.2 复杂网络的高阶疾病传播

由于复杂网络的节点和边结构的限制, 基于传统的网络传播动力学行为的发生率通常是双线性的, 即易感节点被感染的概率分别与自易感概率和邻居节点的感染概率呈正比例关系. 然而, 对于具有群组相互作用的系统而言, 群组内个体的状态改变诱发空间中病毒浓度的改变, 不同的病毒浓度会影响疾病的传播动力学, 进而产生非线性的传播特征, 而非线性发生率可以捕捉这一特征.

为了更好地描述复杂系统的高阶结构对传播动力学的影响, 我们采用了形式为 $\beta S I(1 + v_d I^d)$ 的非线性发生率形式, 其中 $v_d (\geqslant 0)$ 表示单形维数为 d 的群组作用的增强机制参数, β 是传染率系数. 令 $V = \{v_{d'}\}_{d'=1}^d$ 表示不同维数的单形的增强因子的集合, 其中 $v_\delta = v_2 (\geqslant 0)$ 表示 2 维单形所对应的增强因子.

通过边 $[n_i, n_j]$ 的两两交互作用, S 态的节点 n_i 以 β 的概率被它的 I 态的邻居 n_j 感染, 对应的传播动力学过程可以表述为

$$S + I \xrightarrow{\beta} 2I \tag{5.13}$$

对于高阶的交互传播过程, $\beta p_i^S(t) v_{d'} \sum_{j_0,\cdots,j_{d'-1}} a_{i,j_0,j_1,\cdots,j_{d'-1}} \prod_{k=0}^{d'-1} p_{j_k}^I(t)$ 表示一个 S 态的节点 n_i 与它的 d' $(d' \geqslant 2)$ 个 I 态的邻居节点之间的群组交互作用. 这个传播过程可以描述为

$$\mathrm{Simp}(S, d'I) \xrightarrow{v_{d'}\beta} \mathrm{Simp}[(d'+1)I] \tag{5.14}$$

对于恢复过程, 节点自身以概率 μ 从疾病中恢复, 即

$$I \xrightarrow{\mu} R \tag{5.15}$$

一个已经从疾病恢复的 R 态节点, 仍可能会以一定的概率 γ 失去免疫, 重新变成易感态, 即

$$R \xrightarrow{\gamma} S \tag{5.16}$$

注意当单纯复形的维数 $d = 1$ 时, 疾病只能通过网络的边结构进行传播, 而没有高阶传播作用了.

以 $d = 2$ 时基于单纯复形的 SIRS 模型为例, 如图 5.11 所示, 其中橙色、蓝色和绿色分别表示感染态、易感态和恢复态的节点. 图 5.11 (a) 和 (b) 表示易感的节点 n_i 通过边结构与其他节点接触, 并且当它接触感染节点时, 感染节点以概率 β 传播疾病. 在图 5.11 (c) 和 (d) 中, 节点 n_i 属于 2-单纯形. 在图 5.11 (c) 中, 由于其他两个节点处于感染态, 节点 n_i 可以通过两个途径被感染: 以速率 β 的两个成对交互 (对应于两个 1 单形边结构) 和以速率 $v_\triangle \beta$ 的群组交互 (对应于一个 2 单形). 在图 5.11 (d) 中, 由于在单形中只有一个感染态节点, 因此节点 n_i 只能以速率 β 通过点对交互作用被感染. 图 5.11 (e) 和 (f) 表示感染和恢复的节点分别以 μ 和 γ 的概率转为恢复态和易感态, 对应于流行病模型的恢复过程和失去免疫过程.

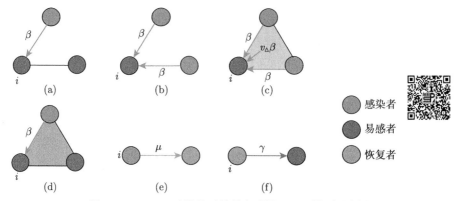

图 5.11 $d = 2$ 时的基于单纯复形的 SIRS 模型示意图

进一步利用淬火平均场方法[5] 建立具有非线性发生率的 SIRS 传播模型, 分别用 $p_i^S(t)$, $p_i^I(t)$, $p_i^R(t)$ 来表示系统中节点 n_i 为易感者 (S)、传播者 (I)、恢复者 (R) 的概率. 这样基于单纯复形的具有高阶结构特征和非线性发生率的 SIRS 传播动力学可以表示为

$$\frac{dp_i^S(t)}{dt} = -\beta p_i^S(t) \left[\sum_{j=1}^{N} a_{ij} p_j^I(t) + \sum_{d'=1}^{d} v_{d'} \sum_{j_0,\cdots,j_{d'-1}} a_{i,j_0,j_1,\cdots,j_{d'-1}} \prod_{k=0}^{d'-1} p_{j_k}^I(t) \right] + \gamma p_i^R(t)$$

$$\frac{dp_i^I(t)}{dt} = \beta p_i^S(t)\left[\sum_{j=1}^{N}a_{ij}p_j^I(t)+\sum_{d'=1}^{d}v_{d'}\sum_{j_0,\cdots,j_{d'-1}}a_{i,j_0,j_1,\cdots,j_{d'-1}}\prod_{k=0}^{d'-1}p_{j_k}^I(t)\right]-\mu p_i^I(t)$$

$$\frac{dp_i^R(t)}{dt} = \mu p_i^I(t) - \gamma p_i^R(t) \tag{5.17}$$

其中 β, μ, γ 分别表示传染率系数、恢复概率以及丧失免疫的概率.

为了研究不同网络结构下的具有非线性发生率的 SIRS 模型的传播现象, 我们分别采用四个公开的复杂网络, 即空手道俱乐部网络 (karate club network)[6]、科学家合作者网络 (scientific co-authorship network)[4]、足球网络 (football network)[7]、悲惨世界网络 (les miserables network)[8], 并构造它们的 2 维单纯复形结构. 这些网络的具体统计信息见表 5.1, 其中 N, $\langle k\rangle$ 和 $\langle k_\triangle\rangle$ 分别表示单纯复形的节点数目、平均度, 以及平均三角形数目, v_c 是增强因子 $v_\triangle$ 的临界值, 其中 $v_\triangle = v_2(\geqslant 0)$ 表示群组交互的增强因子.

表 5.1 基于现实网络的单纯复形的统计信息

数据	N	$\langle k\rangle$	$\langle k_\triangle\rangle$	v_c
空手道俱乐部网络	34	4.5882	3.9706	2.3111
科学家合作者网络	379	4.8232	7.2902	1.3232
足球网络	115	10.6609	21.1304	1.0091
悲惨世界网络	77	6.5974	18.1948	0.7252

图 5.12 展示了单纯复形的四个动力学模型在稳定状态下的传播流行率 $p_*^I = \frac{1}{N}\sum_{i=1}^{N}p_i^I(t\to\infty)$ 随着传染率系数 β 的演化情况. 且图 5.12 中当 $v_\triangle = 0$ 时表示没有非线性发生率情况下的标准网络 SIRS 传播模型演化, 与带有高阶结构的传播的情况进行对比. $v_\triangle$ 都选取两个不同的初始感染概率. 当 $v_\triangle = 0$ 与 $v_\triangle = 0.8v_c$ 时, 不同初值下的传播流行率曲线是重合的. 而随着高阶因子的增大 (即高阶结构传播作用增强), 不同初值情况下可能得到不同的传播流行情况曲线. 例如, 当 $v_\triangle = 2.5v_c$ 时, 最左侧曲线对应的初值为 $p^I(t=0) = 0.01$, 而另一条曲线对应的初值为 $p^I(t=0) = 0.1$. 在高阶结构的作用下, 传播过程会出现非连续性相变. 这在以往基于复杂网络点边结构传播中并不会出现.

图 5.12 中结果表明, 当 $v_\triangle \neq 0$ 时, 在两个不同的非线性发生率情况下, 即 $v_\triangle = 0.8v_c$, $v_\triangle = 2.5v_c$, 稳态时的传播流行率 p_*^I 呈现出不同的特征. 对于增强因子 $v_\triangle = 0.8v_c$, 平均感染概率 p_*^I 随传染率系数 β 的演化情况与 $v_\triangle = 0$ 类似, 具有连续的相变现象. 但是, 当 $v_\triangle = 2.5v_c$ 时, 平均感染概率 p_*^I 出现了一个不连续的相变; 并且在一定条件下, 出现了健康态 $p_*^I = 0$ 与地方病状态 $p_*^I > 0$ 共存

现象, 这个发生与否与系统的初值 $p^I(t=0)$ 有关. 这表明传染率系数 β 存在一个双稳态区间, 如果初始感染值很小或在健康态附近, 那么 p^I_* 趋近于健康状态; 如果初始感染者具有一定的规模, 那么 p^I_* 渐近地趋向于地方病平衡点状态.

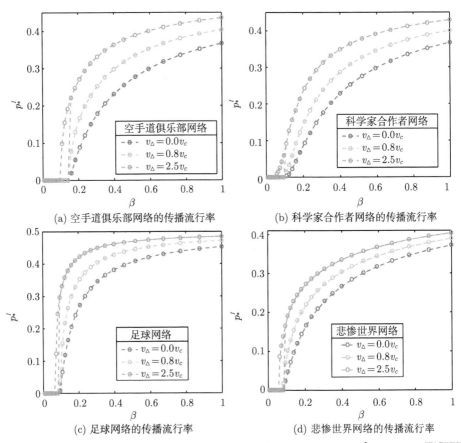

(a) 空手道俱乐部网络的传播流行率

(b) 科学家合作者网络的传播流行率

(c) 足球网络的传播流行率

(d) 悲惨世界网络的传播流行率

图 5.12　基于单纯复形的 SIRS 模型的传播流行率 p^I_*
随传染率系数 β 的演化情况

如图 5.13 所示, 当节点恢复的概率 μ 远远大于节点丧失免疫的概率 γ 时, 在实际的网络 (悲惨世界网络) 与合成网络 (小世界网络) 的特定条件下, 系统出现周期性爆发的现象. 这也是高阶结构的传播作用下在 SIRS 模型中观察得到的新的传播特征. 以上结果说明高阶结构及其作用于非线性发生率会带来传播模型的动力学性质变化, 而基于单纯复形描述高阶结构特征为全面理解或重新审视复杂系统的动力学行为带来全新的思路和启发.

　　本节构造复杂网络高阶结构的单纯复形, 从单纯复形的高阶结构视角来研究社会系统的传播动力学行为. 在此基础上, 我们考察了两类传播动力系统模型.

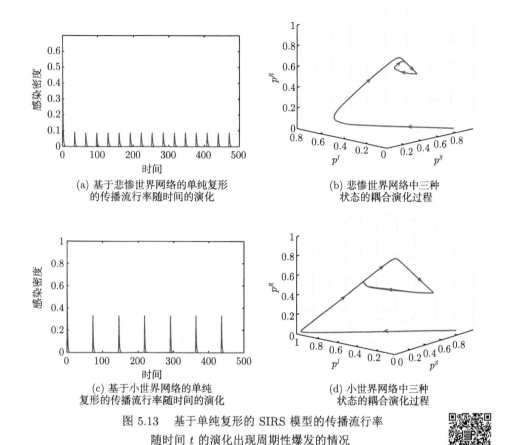

(a) 基于悲惨世界网络的单纯复形
的传播流行率随时间的演化

(b) 悲惨世界网络中三种
状态的耦合演化过程

(c) 基于小世界网络的单纯
复形的传播流行率随时间的演化

(d) 小世界网络中三种
状态的耦合演化过程

图 5.13　基于单纯复形的 SIRS 模型的传播流行率
随时间 t 的演化出现周期性爆发的情况

首先是基于复杂网络的低阶与高阶结构共存特征, 建立了具有观点融合和消息传播的单纯复形耦合传播模型, 以此描述群组内部和群组间相互作用的耦合传播. 当高阶结构的组间传染率系数很小时, 无论组内传播系数大小, 信息传播都不会爆发; 但是当组内传染率系数很小, 组间传染率系数达到足够大时, 信息传播将会爆发. 而且与传统网络信息非耦合传播模型相比, 耦合模型的传播过程中出现突变现象. 进一步地, 将非线性发生率融入复杂网络的高阶结构, 建立具有高阶和非线性发生率的复杂机制传播模型, 发现了传统网络模型尚未发现的现象, 包括健康状态与地方病状态共存的双稳态、不连续相变, 以及周期性爆发等动力学特征.

5.2.3　小结

本节讨论了单纯复形在社会传播和疾病传播中的应用, 利用各阶单形刻画复杂网络中的高阶结构, 其中涉及将复杂网络重构为单纯复形, 在此基础上构建社会传播模型, 明确其传播动力学. 可以发现高阶结构导致传播过程出现不连续性、双稳态以及周期性爆发等动力学行为. 单纯复形的引入不仅仅可以描述高阶群组交互作用, 更有助于揭示高阶结构导致的传播现象的深层次原因. 因此, 基于单纯复形对传播进行建模, 建立具体的时间演化方程, 并对其进行动力学分析, 可以揭示出传播动力学的演化规律. 单纯复形在传播动力学的研究中具有重要的应用价值.

推荐练习

1. 谣言传播是存在于实际生活中的传播, 三人成虎现象比比皆是. 试着用单纯复形传播过程来解释这一现象.

2. 参考本节内容, 对于谣言传播中的高阶群组传播行为还可以如何通过单纯复形来描述, 注意选择合适的单纯复形构造方法. 对于具有多重高阶群组关系的传播模式又如何通过单纯复形来描述?

3. 本节中 2-单形的相互作用导致传播出现不连续相变、双稳态现象以及周期性爆发现象. 那么 3-单形甚至更高阶的单形会引起什么样的动力学行为变化, 会带来动力学性质的进一步变化吗?

5.3 这些应用可以结合在一起吗?

为了帮助读者了解代数拓扑方法在学术研究和业界的广泛应用及其影响, 本节我们考虑将前面介绍的代数拓扑方法融合形成一个综合性的研究工具, 即从问题背景出发引导出构造单纯复形和运用代数拓扑方法. 在之前每一个章节的结尾, 我们都会对该章节介绍的具体概念或方法进行一个简短的总结.

我们以制药业为例, 广义上来看, 探索、开发、生产和销售药品, 再到药品治愈患者、缓解患者症状或增强患者免疫力都属于制药业的范畴[9], 因此制药业与许多不同方面, 如商业、技术、管理、建模等领域都密切相关. 在第 2、3 章中我们介绍了单纯复形相关的理论方法, 并在第 3、4 章中给出了对应的应用示例. 然而单纯复形的应用范围十分广泛, 因此我们不能一一列举所有可能的应用, 而是以制药业为例探讨如何寻找单纯复形更多潜在的应用场景.

4.1 节介绍了观点交换模型, 该模型由两个集合之间的关系构建单纯复形, 可以很容易地应用到公众问卷调查中分析问卷结果. 当某一制药公司通过问卷调查其员工个人幸福感的来源以及对公司工作环境的看法, 观点交换模型的分析结果可以为公司调整工作环境提供参考, 并帮助公司的人力资源部门调整招聘计划从而吸纳更多优秀的工作者. 简单来说, 公司可以通过问卷调查得到数据, 应用代数拓扑分析处理数据后得到结果, 这些结果将会对公司未来的决策和计划产生影响.

另一方面, 如果将问卷调查中的问题和答案都表示成单纯复形, 则我们还可以通过 Q 分析工具得到另一组有用的信息. 回想一下, Q 分析揭示了数据集之间的结构关系, 因此结合统计分析就可以更详细地了解员工的观点之间的联系, 也可以用于模拟员工之间的观点交流. 无论哪种情况, 通过构建单纯复形, 并应用代数拓扑方法分析, 制药公司都可以从分析结果中获得更全面更细节的信息.

同样的建模方法也能应用到制药公司对患者或者客户的问卷调查中. 假设制药公司打算销售一款新的膳食补充剂, 想知道该产品的市场接受度以及未来的销量如何, 他们就可以根据目标客户的需求、疾病或对新产品的接受度等问题进行调查. 同样地, 利用观点交换模型中的应用代数拓扑方法做类似的分析, 公司就能根据分析结果预估该膳食补充剂的市场接受度, 调整产品的生产及宣传方案.

接下来, 我们进一步考虑欧洲公路网对制药业的影响. 虽然欧洲公路网看似与制药业没有直接的关联, 但事实上, 制药业中药品的供应链连接了仓库、药店、医院, 而该供应链又是基于公路网络建立的, 因此公路网和制药业是密切相关的. 并且公路网的结构也影响着某地、某个国家乃至全社会的物流、信息乃至流行病毒等的传播. 具体来说, 由于某种原因中断了一条关键的公路可能会导致某地医疗物资匮乏. 因此研究欧洲公路网的鲁棒性, 了解连接中断对公路网络以及关联网络功能的影响至关重要. 通常我们将连接中断分为两类, 即随机中断和恶意中断. 显然, 这两种中断都可能会影响整个网络的结构, 进而影响到复杂网络中的高阶结构 (即单形) 之间的关系. 因此我们可以应用 4.5 节提到的逾渗和持续同调的方法研究欧洲公路网在连接中断下高阶结构的变化情况. 回忆第 2 章的内容, 我们知道代数拓扑对于分析单形链有着显著的优势. 另外, 由复杂网络构建的单形表示节点组, 由这样的节点组聚合构建了一种社团, 即单形社团[10,11]. 由复杂网络构建的单纯复形也能看作单形的聚合. 因此, 通过代数拓扑方法研究复杂网络中链路破坏对单形集团, 即高阶拓扑特性的影响, 可以为网络鲁棒性的研究提供新的视角, 对提高网络鲁棒性具有指导意义.

与此同时, 网络结构对网络的传播动力学也有着重要影响. 面对流行病传播网络[12], 一方面旅客在欧洲公路网和航空网络上的迁移加速了流行病传播, 因此我们可以通过构建合适的单纯复形模型来预测旅客在网络上的移动对全球疾病传播的影响. 通过构建不同的单纯复形, 应用代数拓扑分析能够为预防并控制流行病传播提供指导性意见.

此外, 代数拓扑方法对于重构时间序列相空间有着重要的作用, 从制药业的视角来看, 该方法为药物或医学动力系统的时间序列研究提供了一种普适性的方法. 例如, 将血液流动建模为动力系统后, 那么当血管中有障碍物 (如脂肪) 时血液可能会出现湍流. 类似地, 脑电图和心电图数据中也蕴含着患者的重要信息, 它们也都反映在各自的时间序列中. 因此, 可以通过相空间重构和可视图方法将时间序列转化为单纯复形, 再通过代数拓扑分析得到有关患者临床情况的有用信息. 此外, 通过患者蛋白质表达来判断是否患有癌症以及处于疾病的哪个阶段, 这些数据都能够表示为单纯复形. 对单纯复形的分析可以为药剂人员提供参考信息, 以开发新的治疗药物.

当然, 代数拓扑方法在制药领域还有很多应用. 我们希望通过这些例子给予读者启发, 帮助读者在其他行业领域中寻找更多的代数拓扑应用.

参 考 文 献

[1] MALETIĆ S, RAJKOVIĆ M. Consensus formation on a simplicial complex of opinions[J]. Physica A, 2014, 397: 111

[2] IACOPINI I, MILOJEVIĆ S, LATORA V. Network dynamics of innovation processes[J]. Physical Review Letters, 2018, 120(4): 048301

[3] BRON C, KERBOSCH J. Algorithm: Finding all cliques of an undirected graph[J]. Communications of the ACM, 1973, 16(9):575

[4] Newman M E. Finding community structure in networks using the eigenvectors of matrices[J]. Physical Review E, 2006, 74(3): 036104

[5] VAN MIEGHEM P, OMIC J, KOOIJ R. Virus spread in networks[J]. IEEE/ACM Transactions on Networking, 2009, 17(1): 1

[6] ZACHARY W W. An information flow model for conflict and fission in small groups[J]. Journal of Anthropological Research, 1977, 33(4): 452

[7] GIRVAN M, Newman M E. Community structure in social and biological networks[J]. Proceedings of the National Academy of Sciences, 2002, 99(12): 7821

[8] Knuth D E. The Stanford GraphBase: A Platform for Combinatorial Computing[M]. New York: ACM Press, 1993.

[9] MALETIĆ S, STAMENIĆ L, RAJKOVIĆ M. Statistical mechanics of simplicial complexes[J]. Atti Semin. Mat. Fis. Univ. Modena Reggio Emilia., 2011, 58:245

[10] MALETIC S, RAJKOVIĆ M. Combinatorial Laplacian and entropy of simplicial complexes associated with complex networks[J]. Eur. Phys. J. Special Topics, 2012, 212: 77

[11] MALETIC S, HORAK D, RAJKOVIĆ M. Cooperation, conflict and higher-order structures of complex networks[J]. Advances in Complex Systems, 2012, 15: 1250055

[12] BARABÁSI A L, ALBERT R. Statistical mechanics of complex networks[J]. Rev. Mod. Phys., 2002, 74: 47

回顾核心要点

　　这里我们简要概述本书的内容并强调其中的主要结论, 为想要进一步了解单纯复形和代数拓扑的读者提供一份书籍和研究文献清单.

　　首先我们以单纯复形的三种等价定义开启了单纯复形的介绍, 多样的定义方式为应用单纯复形提供了基础. 而且, 无论以几何、组合、集合关系哪种方式定义单纯复形, 我们都能用同一套度量体系来刻画其拓扑特征, 以反映研究对象的拓扑性质和高阶结构信息.

　　之后引入了同调概念. 同调计算主要关注单纯复形在各个维度上的非边界循环. 实际上, 我们证明了单形的非边界循环就是单纯复形的结构中的空洞, 且这些非边界循环构成了同调群. q 阶同调群的生成元个数是一个重要的拓扑不变量, 即 q 阶贝蒂数. 在给出同调群和相关拓扑不变量之后, 我们通过拓扑不变量刻画拓扑空间的同调变化特征, 从而拓展了同调的概念形成了持续同调分析. 持续同调性本质上反映拓扑空间结构特征变化, 这些变化会编码在不同变化阶段的同调群中. 换句话说, 我们构造单纯复形时通常伴随着持续同调性参数的变化, 对于不同的参数可以构造不同的单纯复形, 对应同调群的变化也就反映了单纯复形结构的变化. 另外, 我们建立了单纯复形的 q 阶同调群与 q 维组合拉普拉斯算子之间的联系, q 维组合拉普拉斯算子可以理解为图拉普拉斯算子在高维结构上的推广, 所以图拉普拉斯算子就是 0 维组合拉普拉斯算子. 事实上 q 维组合拉普拉斯算子的特征值谱包含了很多关于单纯复形介观结构的信息, 而不仅仅在于其零特征值重数等于 q 阶贝蒂数, 因此组合拉普拉斯算子的应用和丰富的特性还有待进一步揭示.

　　在 Q 分析框架下, 我们引入了单纯复形的结构向量, 即不同维度上的单形聚合以表征其介观结构: 引入离心率和顶点重要性来度量单形的局部特性, 引入单纯复形的结构复杂度来表征其全局、宏观特性. Q 分析全面度量了单纯复形在三个结构尺度 (局部、微观和全局) 下的特性, 因此 Q 分析是表征单纯复形这一复杂系统的有力工具. 需要注意的是, 在单纯复形的 Q 分析描述中, 对单形高维特性的刻画尤为重要.

　　为了将单纯复形应用于实际问题, 我们介绍了由原始数据构建单纯复形的方法. 对于一个给定的图, 我们将其节点看作 0-单形, 连边看作 1-单形, 则可由图直接构造了一个单纯复形. 除此之外, 我们还给出构造结构更丰富的单纯复形的方法, 如集团复形、邻域复形、独立复形和匹配复形, 即由一个图我们就能构造多种单纯复形, 从而以多种视角洞察该图的高维结构. 接下来, 我们介绍了由嵌入到度量空间中的数据构建单纯复形的方法. 在度量空间中, 由于元素 (即点或顶点或节点) 之间连接关系取决于它们之间的距离, 因此距离信息在构建的 Čech 复形、Vietoris-Rips 复形和见证复形中起着至关重要的作用. 最后, 我们给出了由时间序列构建单纯复形的方法. 该方法结合了前面介绍的持续同调工具以及从度量空间中构建单纯复形的方法 (Čech 复形), 这也从侧面说明了我们可以通过结合不同的代数拓扑概念和新方法来处理不同的问题. 此外, 我们介绍了从时间序列可视图构建单纯复形的方法, 从而拓宽单纯复形的应用范围. 最后通过两个案例说明了如何通过融合和拓展应用代数拓扑概念方法来获得新的研究方式和新的发现.

为了充分说明单纯复形在理论和实际应用上的多样性, 我们考虑了五个案例情景. 首先讨论了单纯复形在计算社会学中的应用, 即观点交换模型, 其中我们将观点表示为单形, 将不同意见的集合表示为单纯复形以模拟社会网络的观点融合. 由于我们是通过两个集合之间的关系定义意见空间的单纯复形, 因此该模型也适用于 4.1 节的问卷调查的建模. 之后我们介绍了从一个复杂网络, 即欧洲公路网络构建不同的单纯复形, 即邻域复形、集团复形和共轭集团复形, 以挖掘发现网络中丰富的子结构. 该例子也提示了当应用 Q 分析和同调性研究复杂网络时, 我们给出的方法和结果超越了传统的图论方法, 得到了关于复杂网络微观结构丰富的结论. 在第三个案例中, 我们重点介绍了持续同调性在动力系统相空间重构中的具体应用. 结果表明重构单纯复形的拓扑性质能够保留动力系统原始流形的拓扑性质, 这也说明此种单纯复形构造方法的理论可行性和有效性. 在第四个案例中, 我们给出了基于动力系统时间序列的可视图构建单纯复形的方法, 发现混沌系统与非混沌系统对应的单纯复形在多级积分熵这一指标上存在显著差异. 在最后一个案例中, 我们介绍了复杂网络的结构变化对同调性质的影响, 特别是复杂网络的逾渗性质和同调性质之间的关系. 这五个案例几乎涵盖了单纯复形在不同研究领域的具体应用方法.

为了向读者展示如何构建和挖掘现实数据的拓扑结构, 尤其是数据包含的高阶结构, 以及如何建模描述带有高阶结构的传播动力学行为, 我们进一步给出了单纯复形方法在两个具体案例中的应用, 即挖掘出租车司机的坐标数据的拓扑特性和构建具有高阶结构的传播模型. 首先, 我们从坐标数据集出发, 构建该数据的单纯复形结构, 基于此利用代数拓扑工具刻画数据的拓扑特征, 从而反映出租车行驶数据集的深层特性. 这个案例完整地展示了从原始数据集构造、计算、分析其高阶拓扑结构的全过程, 为读者研究分析其他现实数据的拓扑特征提供了参考. 第二个具体案例中, 我们突破了传统的传播模型, 讨论了基于高阶结构的传播建模问题, 以理解具有非线性发生率的传播动力学过程. 由于实际中广泛存在多个个体形成群组等高阶结构, 这样的高阶结构通常会引起传播过程非线性变化. 这是研究高阶结构的传播行为需要重视到的. 因此该案例为不同领域的读者提供了研究高阶结构交互作用的新的视角, 也启发读者根据自身研究的需求构建贴合实际的高阶行为传播模型.

我们设计的这些案例旨在方便读者从不同角度和领域解读单纯复形及代数拓扑分析方法, 以便于更好地理解代数拓扑中的抽象概念和相关的计算方法. 这些案例安排也是从简单的例子开始, 逐渐复杂深入, 帮助读者逐步获取相关知识直到能灵活运用它们. 同时, 书中还给出配套的推荐练习以便感兴趣的读者加深理解, 锻炼实践技能.

本书引用的参考文献也可以帮助读者进一步拓展学习本书介绍的内容, 或是对所介绍的主题进行研究时使用. 因此我们每一章都给出一份参考文献, 作为本书的拓展阅读内容. 不过这些参考文献是我们结合自己理解选取的, 可能不一定是最好或全面的选择, 但它们确实有用.

文 献 清 单

代数拓扑:

[1] MUNKRES J R. Elements of Algebraic Topology[M]. California: Addison-Wesley Publishing, 1984

[2] HATCHER A. Algebraic Topology[M]. Cambridge: Cambridge University Press, 2002

[3] KOZLOV D. Combinatorial Algebraic Topology, Algorithms and Computation in Mathematics[M]. Berlin, Heidelberg: Springer-Verlag, 2008

[4] EDELSBRUNNER H, HARER J L. Computational Topology: An Introduction[M]. Providence: American Mathematical Society, 2010

Q 分析:

[1] ATKIN R H. From cohomology in physics to q-connectivity in social sciences[J]. Int. J. Man-Machine Studies, 1972, 4: 341

[2] ATKIN R H. Combinatorial Connectivities in Social Systems[M]. Base und Stuttgart: Birkhäuser Verlag, 1977

[3] JOHNSON J H. Some structures and notation of Q-analysis[J]. Environment and Planning B, 1981, 8: 73

[4] GOULD P, JOHNSON J, Chapman G. The Structure of Television[M]. London: Pion Limited, 1984

[5] JOHNSON J H. Hypernetworks in the Science of Complex Systems[M]. London: Imperial College Press, 2013

持续同调:

[1] GHRIST R. Barcodes: The persistent topology of data[J]. Bull. Amer. Math. Soc. (N.S.), 2008, 45(1): 61

[2] EDELSBRUNNER H, HARER J. Persistent homology—a survey[J]. In Surveys on discrete and computational geometry, volume 453 of Contemp. Providence, RI: Math., Amer. Math. Soc., 2008: 257

[3] CARLSSON G. Topology and data[J]. Bulletin of American Mathematical Society, 2009, 46(2): 255

组合拉普拉斯矩阵:

[1] GOLDBERG T E. Combinatorial Laplacians of Simplicial Complexes[M]. New York: Annandale-on-Hudson, 2002

复杂网络:

[1] ALBERT R, BARABÁSI A L. Statistical mechanics of complex networks[J]. Rev. Mod. Phys., 2002, 74: 47

[2] NEWMAN M E J. Networks: An Introduction[M]. Oxford: Oxford University Press, 2010

[3] COHEN R, HAVLIN S. Complex Networks: Structure, Robustness and Function[M]. Cambridge: Cambridge University Press, 2010

代数拓扑在物理中的应用:

[1] FRANKEL T. The Geometry of Physics: An Introduction[M]. Cambridge: Cambridge University Press, 1997

[2] ESCHRIG H. Topology and Geometry for Physics[M]. Berlin, Heidelberg: Springer-Verlag, 2011